高等职业教育大数据技术专业系列教材

Hadoop 技术基础与项目实践

Hadoop JISHU JICHU YU XIANGMU SHIJIAN

主编　余姜德　梁本来　冷令

西安电子科技大学出版社

内 容 简 介

本书系统讲解了 Hadoop 生态的核心技术，内容涵盖 Hadoop 集群搭建、HDFS 文件操作、MapReduce 编程开发、Hive 技术应用、ZooKeeper 技术应用、HBase 数据库开发、Scala 编程开发、Spark 技术应用、Flume 技术应用以及 Sqoop 技术应用等。本书内容按项目组织，每个项目又都细分为多个任务，详细阐述技术原理、安装配置、操作应用和编程实战等内容。此外，书中还巧妙融入思政教育元素，如阿里云 EMR 的自主创新之路、华为鲲鹏创新突破大数据加速引擎等，培养学生的创新精神和社会责任感。

作为一本面向高职专科、职业本科及应用型本科的实践型教材，本书旨在帮助学生系统构建 Hadoop 技术知识体系，扎实掌握大数据处理的核心原理与实践技能。

本书的读者对象为大数据技术、人工智能等专业的学生，以及有志于从事数据分析领域工作的技术人员。

图书在版编目（CIP）数据

Hadoop 技术基础与项目实践 / 余姜德，梁本来，冷令主编. -- 西安：西安电子科技大学出版社, 2025. 9. -- ISBN 978-7-5606-7774-3

Ⅰ. TP274

中国国家版本馆 CIP 数据核字第 2025KE7591 号

策　　划　明政珠
责任编辑　明政珠
出版发行　西安电子科技大学出版社（西安市太白南路 2 号）
电　　话　（029）88202421　88201467　　　　邮　　编　710071
网　　址　www.xduph.com　　　　　　　　　　电子邮箱　xdupfxb001@163.com
经　　销　新华书店
印刷单位　咸阳华盛印务有限责任公司
版　　次　2025 年 9 月第 1 版　　　　　　　　2025 年 9 月第 1 次印刷
开　　本　787 毫米×1092 毫米　1/16　　　　印　　张　13
字　　数　298 千字
定　　价　34.00 元
ISBN 978-7-5606-7774-3
XDUP 8075001-1
*** 如有印装问题可调换 ***

序

自从 2014 年大数据首次写入政府工作报告，大数据就逐渐成为各级政府关注的热点。2015 年 9 月，国务院印发了《促进大数据发展行动纲要》，系统部署了我国大数据发展工作，至此，大数据成为国家级的发展战略。2017 年 1 月，工业和信息化部编制印发了《大数据产业发展规划(2016—2020 年)》。

为对接大数据国家发展战略，教育部批准于 2017 年开办高职大数据技术专业，2017 年全国共有 64 所职业院校获批开办该专业，2020 年全国 619 所高职院校成功申报大数据技术专业。大数据技术专业已经成为高职院校最热门的新增专业之一。

为培养适应经济社会发展的大数据人才，加强粤港澳大湾区区域内高职院校的协同育人和资源共享，2018 年 6 月，在广东省人才研究会的支持下，由广州番禺职业技术学院牵头，联合深圳职业技术学院、广东轻工职业技术学院、广东科学技术职业学院、广州市大数据行业协会、佛山市大数据行业协会、香港大数据行业协会、广东职教桥数据科技有限公司、广东泰迪智能科技股份有限公司等 200 余家高职院校、协会和企业，成立了广东省大数据产教联盟。联盟先后开展了大数据产业发展、人才培养模式、课程体系构建、深化产教融合等主题的研讨活动。

课程体系是专业建设的顶层设计，教材开发是专业建设和三教改革的核心内容。为了普及和推广大数据技术，为高职院校人才培养做好服务，西安电子科技大学出版社在广泛调研的基础上，结合自身的出版优势，联合广东省大数据产教联盟策划了"高等职业教育大数据技术专业系列教材"。

为此，广东省大数据产教联盟和西安电子科技大学出版社于 2019 年 7 月在广东职教桥数据科技有限公司召开了"广东高职大数据技术专业课程体系构建与教材编写研讨会"。来自广州番禺职业技术学院、深圳职业技术学院、深圳信息职业技术学院、广东科学技术职业学院、广东轻工职业技术学院、中山职业技术学院、广东水利电力职业技术学院、佛山职业技术学院、广东职教桥数据科技有限公司、广东泰迪智能科技股份有限公司和西安电子科技大学出版社等单位的 30 余位校企专家参与了研讨。大家围绕大数据技术专业人才培养定位、培养目标、专业基础(平台)课程、专业能力课程、专业拓展(选修)课程及教材编写方案进行了深入研讨，最后形成了如表 1 所示的高等职业教育大数据技术专业课程体系。在课程体系中，为加强动手能力培养，从第三学期到第五学期开设了 3 个共 8 周的项目实践；为形成专业特色，第五学期的课程，除 4 周的"大数据项目开发实践"外，其他都是专业拓展课程，各学校可根据区域大数据产业发展需求、学生职业发展需要和学校办学条件，开设纵向延伸、横向拓宽及 X 证书的专业拓展选修课程。

表 1　高等职业教育大数据技术专业课程体系

序号	课程名称	课程类型	建议课时
第一学期			
1	大数据技术导论	专业基础	54
2	Python 编程技术	专业基础	72
3	Excel 数据分析应用	专业基础	54
4	Web 前端开发技术	专业基础	90
第二学期			
5	计算机网络基础	专业基础	54
6	Linux 基础	专业基础	72
7	数据库技术与应用 (MySQL 版或 NoSQL 版)	专业基础	72
8	大数据数学基础——基于 Python	专业基础	90
9	Java 编程技术	专业基础	90
第三学期			
10	Hadoop 技术与应用	专业能力	72
11	数据采集与处理技术	专业能力	90
12	数据分析与应用——基于 Python	专业能力	72
13	数据可视化技术(ECharts 版或 D3 版)	专业能力	72
14	网络爬虫项目实践(2 周)	项目实训	56
第四学期			
15	Spark 技术与应用	专业能力	72
16	大数据存储技术——基于 HBase/Hive	专业能力	72
17	大数据平台架构(Ambari，Cloudera)	专业能力	72
18	机器学习技术	专业能力	72
19	数据分析项目实践(2 周)	项目实训	56
第五学期			
20	大数据项目开发实践(4 周)	项目实训	112
21	大数据平台运维(含大数据安全)	专业拓展(选修)	54
22	大数据行业应用案例分析	专业拓展(选修)	54
23	Power BI 数据分析	专业拓展(选修)	54
24	R 语言数据分析与挖掘	专业拓展(选修)	54
25	文本挖掘与语音识别技术——基于 Python	专业拓展(选修)	54
26	人脸与行为识别技术——基于 Python	专业拓展(选修)	54
27	无人系统技术(无人驾驶、无人机)	专业拓展(选修)	54
28	其他专业拓展课程	专业拓展(选修)	
29	X 证书课程	专业拓展(选修)	
第六学期			
30	毕业设计		
31	顶岗实习		

基于此课程体系，与会专家和老师研讨了大数据技术专业相关课程的编写大纲，各主编教师就相关选题进行了写作思路汇报，大家相互讨论，梳理和确定了每本教材的编写内容与计划，最终形成了该系列教材。

本系列教材由广东省部分高职院校联合大数据与人工智能企业共同策划出版，汇聚了校企多方资源及各位主编和专家的集体智慧。在本系列教材出版之际，特别感谢深圳职业技术学院数字创意与动画学院院长聂哲教授、深圳信息职业技术学院软件学院院长蔡铁教授、广东科学技术职业学院计算机工程技术学院(人工智能学院)院长曾文权教授、广东轻工职业技术学院信息技术学院院长廖永红教授、中山职业技术学院信息工程学院院长赵清艳教授、顺德职业技术学院校长杨小东教授、佛山职业技术学院电子信息学院院长唐建生教授、广东水利电力职业技术学院大数据与人工智能学院院长何小苑教授，他们对本系列教材的出版给予了大力支持，安排学校的大数据专业带头人和骨干教师积极参与教材的开发工作；特别感谢广东省大数据产教联盟秘书长、广东职教桥数据科技有限公司董事长陈劲先生提供交流平台和多方支持；特别感谢广东泰迪智能科技股份有限公司董事长张良均先生为本系列教材提供技术支持和企业应用案例；特别感谢西安电子科技大学出版社副总编辑毛红兵女士为本系列教材提供出版支持；也要感谢广州番禺职业技术学院信息工程学院胡耀民博士、詹增荣博士、陈惠红老师、赖志飞博士等的积极参与。感谢所有为本系列教材出版付出辛勤劳动的各院校的老师、企业界的专家和出版社的编辑！

由于大数据技术发展迅速，教材中的不足之处在所难免，敬请专家和使用者批评指正，以便改正完善。

广州番禺职业技术学院

余明辉

2020 年 6 月

高等职业教育大数据技术专业系列教材编委会

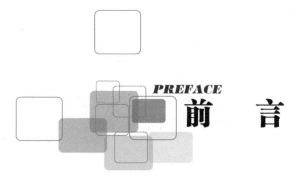

PREFACE
前　言

在当今数字化时代，数据爆炸式增长，大数据技术已成为驱动各行业创新与发展的核心引擎。Hadoop 作为大数据生态的关键基石，凭借其高可靠性、高扩展性与高效的数据处理能力，在产业界和学术界获得了广泛应用。本书正是为了满足广大学习者和从业者对 Hadoop 技术的需求而精心编写的。本书核心特色如下：

(1) 紧跟时代发展，服务国家战略需求，巧妙融入课程思政内容。

在国家大力推动数字经济发展的背景下，大数据产业对推动产业升级、促进经济高质量发展意义重大。Hadoop 作为大数据处理的基础平台，其技术普及对我国大数据产业发展至关重要。本书紧密围绕国家大数据发展战略，旨在培养高素质 Hadoop 技术人才，为国家数字经济建设提供有力的人才支撑。书中各项目巧妙融入科技小故事，培养读者的职业素养、创新精神及为国家科技自立自强奋斗的爱国情怀。

(2) 岗课证融合设计书中内容，循序渐进构建知识体系。

本书内容紧密对接大数据运维岗位需求，全面覆盖完全分布式集群管理、Linux 操作、HBase 开发和 Spark 编程等核心知识点，系统介绍 Hadoop 基础理论与应用。书中内容由浅入深，从 Hadoop 起源、核心架构入手，逐步深入讲解 HDFS、MapReduce 和 YARN 等核心组件原理和使用方法。书中配有丰富的示例代码及详细解析，引导读者循序渐进地进行实践操作，帮助零基础读者逐步构建完整的 Hadoop 知识体系。

(3) 注重实践，案例丰富，强调理论与实践相结合。

本书秉持"实践出真知"的理念，将理论知识与实际应用紧密结合。书中每个知识点均配有实践案例，帮助读者在实践中深化理解；提供了丰富的实验指导和综合性项目案例，引导知识迁移应用，有效培养读者的实际操作能力和解决问题的能力，帮助其积累项目经验，从而提升职业竞争力。同时，本书还注重培养读者的创新思维与自主学习能力，帮助其为未来的职业发展打下坚实的基础。

(4) 编写团队专业，配套学习资源丰富，适合线上线下混合式自主学习。

本书由长期从事大数据技术研究和教学的专业人员编写。余姜德、梁本来和冷令三位主编均具有丰富的实践经验和深厚的理论基础，对 Hadoop 技术有着深入的理解和研究。在编写过程中，编写团队充分考虑读者的学习需求和实际情况，精心组织内容，力求本书更具科学性、实用性和可读性。同时，编写团队还参考了相关最新文献和研究成果，确保书中内容紧随技术发展的步伐，为读者提供前沿且实用的知识和技能。

在教学资源方面，本书除了配套有相应的课程教学大纲、授课计划、教学 PPT、各章节源代码和相应的教学视频，同时在超星慕课上有相应的精品课程网站，网站上有习题库和试卷库，适合读者线上线下混合式自主学习。

　　全书由余姜德、梁本来和冷令共同执笔合作完成，其中余姜德负责全书规划、统稿、校对和在线资源创作，并编写第 1、3、5、6、7 章的内容；梁本来编写第 2、4、8 章的内容；冷令编写第 9、10 章的内容。

　　我们期望本书能够助力读者掌握 Hadoop 的核心技术，在大数据领域取得卓越发展。

　　由于作者水平有限，书中难免存在不足之处，恳请广大读者批评指正。

作　者

2025 年 6 月

目　录

CONTENTS

项目 1　Hadoop 集群搭建

项目导读

本项目通过"探索 Hadoop 技术原理"任务，系统讲解了 Hadoop 的起源、架构、版本演进及行业应用场景；在"Hadoop 集群环境搭建"任务中，用伪分布式到完全分布式集群部署的实践过程介绍了环境配置、服务启动及验证方法。

学习目标

❖ 技能目标：能够独立完成 Hadoop 3.3.0 伪分布式和完全分布式集群的搭建与配置。
❖ 应用目标：通过实践任务，培养分析企业级大数据并选择合适部署模式的能力。
❖ 协作目标：在分布式集群部署中，强化团队分工协作与故障排查能力。

思政教育

作为大数据技术的基石，Hadoop 的学习不仅需要技术能力，更需要职业责任感与创新精神。集群搭建实践可以培养学生严谨的系统性思维和开源协作意识，Hadoop 技术国产化替代方案案例(如阿里云 EMR)可以激励学生关注核心技术的自主可控发展。

任务 1.1　探索 Hadoop 技术原理

 任务描述

本任务作为 Hadoop 技术体系的入门引导，将系统解析其核心概念与生态体系定位，剖析 Hadoop 分布式存储与计算架构，对比版本演进特性，结合电商日志分析等典型应用场景，使学生建立起对 Hadoop 技术栈的全景认知，为后续工程实践奠定理论基础。

1.1.1　Hadoop 概念理解

Hadoop 是一个开源的分布式存储和计算框架，其核心设计目标是以横向扩展的方式进行大量数据的存储和处理。Hadoop 的核心组件包括 HDFS(Hadoop Distributed File System)

和 MapReduce。HDFS 用于存储大规模数据，并将数据分布在多台服务器上，以提供高可靠性和容错性。MapReduce 是 Hadoop 的计算模型，其通过将大规模数据分解为小数据块，并将这些数据块分发到集群中的各个节点上进行并行处理，实现计算结果的合并输出。此外，Hadoop 生态系统还包括其他工具和组件(如 HBase、Hive、Spark 等)，用于支持不同的数据处理和分析需求。Hadoop 被广泛应用于大数据分析、日志处理、数据仓库等场景，已成为处理大规模数据的重要工具之一。

Hadoop 的发展历史可以追溯到 2001 年，当时 Apache 软件基金会的 Nutch 项目开始构建一个大型的全网搜索引擎。随着网页抓取数量的增加，Nutch 项目遇到了严重的可扩展性问题，如何解决数十亿网页的存储和索引问题成了难题。2003—2006 年，Google 上的三篇论文——分布式文件系统 GFS(2003)、分布式计算框架 MapReduce(2004)和分布式的结构化数据存储系统 Bigtable(2006)，为解决上述问题提供了可行的解决方案。基于这些论文，Doug Cutting 历时两年，业余开发实现了 DFS 前身(NDFS)和 MapReduce 原型，使 Nutch 性能飙升。由于 NDFS 和 MapReduce 在 Nutch 引擎中有着良好的应用，因此它们于 2006 年 2 月被剥离出来，成为一套完整而独立的软件，并被命名为 Hadoop。到了 2008 年年初，Hadoop 已成为 Apache 的顶级项目，包含众多子项目。截止到 2023 年，Hadoop 最新的稳定版本是 3.3.4 版,它已经发展成为包含 HDFS、MapReduce 子项目,以及与 Pig、ZooKeeper、Hive、HBase 等项目相关的大型应用工程，在实际的数据处理和任务分析中担当着不可替代的角色。

1.1.2　Hadoop 框架结构分层

Hadoop 是一个由许多公司贡献的开源技术集合构成的框架，我们可以将其大体分为四层，如图 1-1 所示。

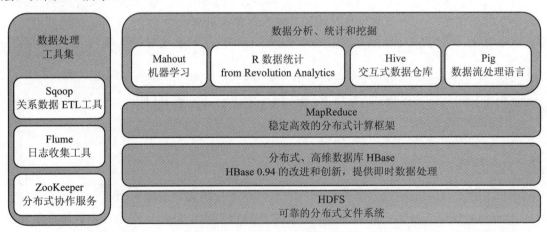

图 1-1　Hadoop 分层结构图

第一层：可靠的分布式文件系统 HDFS。HDFS 采用流式数据访问模式存储超大文件，运行于商用硬件集群上，是管理网络中跨多台计算机存储的文件系统。HDFS 是一种可高度容错的系统，适合部署在廉价的机器上。HDFS 能提供高吞吐量的数据访问，非常适合大规模数据集处理场景。

第二层：分布式、高维数据库 HBase(Hadoop Database)。从问世之初，HBase 就是为解决用大量廉价机器高速存取海量数据、实现数据分布式存储而提出的。

第三层：稳定高效的分布式计算框架 MapReduce。MapReduce 可以看成 Map(映射)和 Reduce(归约)两个单词的组合。Map 将问题分割展开，执行者是 Mapper；Reduce 将问题的结论进行回收合并，执行者是 Reducer。Mapper 负责"分"，即把复杂的任务分解为若干个简单的任务来处理；Reducer 负责对 Map 阶段的结果进行汇总。整个过程由框架完成，开发者采用 Java 和 C++都可以实现。

第四层：数据分析、统计和挖掘。该层主要包括机器学习 Mahout、R 数据统计、交互式数据仓库 Hive 以及数据流处理语言 Pig 等。这一层主要是用适当的统计分析方法及工具对收集来的数据进行分析与处理，提取出有价值的信息，发挥数据的作用。

如图 1-1 左侧所示，Hadoop 分层结构中还包括数据处理工具集 Sqoop、Flume 和 ZooKeeper 等，随着学习的深入，这些工具软件将会逐步介绍。

1.1.3　Hadoop 版本选择

到目前为止，Hadoop 的发展经历了 1.0、2.0 和 3.0 三个版本，当前 Hadoop 主流版本的选择取决于实际应用场景和需求，但整体趋势正在从 2.x 向 3.x 过渡，而 Hadoop 1.0 已被完全淘汰。

1. Hadoop 1.0 发展历史及特性

Hadoop 1.0 发布于 2011 年 12 月，它是 Hadoop 初期稳定可用的阶段，这一时期 Hadoop 的核心组件主要包括：

(1) HDFS：作为分布式文件系统，HDFS 在 Hadoop 1.x 版本中位于存储层，专为跨大型集群以流式数据访问模式存储海量数据而设计。其主要特性包括将大文件分割成块并在多台机器上进行冗余存储、支持数据的高容错性和大规模扩展性。

(2) MapReduce：一种分布式编程模型和计算框架，用于处理和生成大数据集。MapReduce 通过将复杂的计算任务分解为"映射"和"归约"两个阶段，并在 Hadoop 集群节点上并行这两个阶段，从而实现高效的数据处理。

Hadoop 1.0 是最初的版本，功能还不是很完善，存在一定的局限性，其主要缺点如下：

(1) 数据集中管理：数据自动保存多个副本，支持 PB(PetaByte)级海量数据存储，适合批处理场景，采用移动计算而非移动数据的原则。HDFS 将文件切分为固定大小的块(默认 64 MB)，并将其分散存储在集群节点上，通过 NameNode 集中管理元数据，然而数据集中管理容易形成性能瓶颈。

(2) 编程能力有限：MapReduce 1.0 提供了简单的编程模型，仅需定义 Map 和 Reduce 两个函数即可实现分布式计算。它具有高容错性和高扩展性等特点，但存在表达能力有限、迭代效率低、资源利用率不高等缺陷。由于 JobTracker 同时负责资源管理和任务调度，MapReduce 1.0 的扩展性受到严重制约。

(3) 故障高、效率低：NameNode 存在单点故障风险，JobTracker 负载过重，仅支持 MapReduce 计算框架，资源管理采用静态 slot 机制导致利用率低，不适合低延迟访问和小文件存储。这些局限在 2.0 版本通过引入 YARN 和 HDFS HA 等特性得到解决。

2．Hadoop 2.0 发展历史及特性

Hadoop 2.0 发布于 2013 年 7 月，并在随后的时间里经历了多个版本迭代，最终稳定版的发布为整个 Hadoop 社区带来了显著的性能提升与功能扩展。Hadoop 2.0 的发布标志着 Hadoop 生态系统进化到了一个重要的里程碑阶段，引入了多项突破性改进。

Hadoop 2.0 的主要特性如下：

(1) YARN：Hadoop 2.0 中最重要的更新之一。YARN 作为下一代资源管理框架替代了 Hadoop 1.x 中的单一 JobTracker 系统。YARN 将资源管理和作业调度/监控功能分离，使得集群可以支持多种计算框架(如 MapReduce、Spark、Tez 等)。

(2) HDFS Federation：在 Hadoop 2.0 中，HDFS 的架构得到了升级，允许配置多个独立的 NameNode，每个 NameNode 管理命名空间的一部分，从而解除了单个 NameNode 的存储容量限制，并提高了系统的整体可扩展性和可用性。

(3) High Availability (HA)：Hadoop 2.0 实现了 HDFS NameNode 的高可用性，通过 Active/Standby 模式部署 NameNode，可以在主节点故障时快速切换到备用节点，有效降低集群的单点故障风险。

(4) Capacity Scheduler 和 Fair Scheduler：调度器在资源分配方面进行了优化，提供了更灵活的任务调度策略，确保了多用户环境下资源的公平使用。

(5) 其他性能改进：包括减少内存开销、提高 I/O 效率和网络通信速度等，使 Hadoop 集群能更好地处理更大规模的数据集和更复杂的分析任务。

这些特性使 Hadoop 从一个主要用于批处理的框架转变为一个能够支持实时分析、交互式查询等多种场景的大数据平台。

3．Hadoop 3.0 发展历史及特性

Hadoop 3.0 的第一个 Alpha 版本于 2017 年发布，并在随后的开发过程中历经了多个预览和候选版本迭代。Apache Hadoop 3.0.0 的 GA(General Availability)版本正式发布于 2017 年 12 月，后续多个维护版本持续优化功能并修复缺陷。Hadoop 3.0 的发布标志着 Hadoop 生态体系在大数据处理领域的又一次重大升级。

Hadoop 3.0 的主要特性如下：

1) HDFS 功能增强

(1) 目录级别快照(Snapshot)：允许用户对整个目录树创建快照，从而实现快速数据备份和恢复。

(2) Erasure Coding (EC)：引入纠删码技术，替代传统的三副本机制，能够在减少存储空间的同时提供数据保护，尤其适用于大型集群存储成本敏感的场景。

(3) 改进 NameNode HA：提高了高可用性架构下的稳定性与管理效率。

2) YARN 资源性能优化

(1) 资源调度优化：进一步提升了资源利用率和作业调度性能。

(2) 异构资源管理：支持 GPU、FPGA 等非传统 CPU 计算资源的管理和分配，适应深度学习和高性能计算需求。

3) 其他性能优化

(1) 对 Hadoop 核心组件进行重构，废弃了过时的 API 和实现，同时提供了更简洁高效的客户端 API 和模块化结构。

(2) 端口配置调整：对部分服务默认端口进行了修改，以避免与其他常用服务冲突。

(3) 生态系统兼容性和扩展性提升：改进了与 Apache Spark、Apache Hive 等其他大数据生态工具的集成和协同工作能力。

总之，Hadoop 3.0 继承了前两个版本的优势，并通过一系列关键特性的升级和创新，能够更好地应对大规模分布式系统中不断增长的数据处理需求和复杂性挑战。但需注意 Hadoop 3.0 在部分场景下可能存在不稳定风险。

1.1.4　Hadoop 应用场景

Hadoop 作为大数据生态系统的核心框架，凭借 HDFS 与 MapReduce/YARN 能力，长期服务于 PB 级数据的存储、预处理和分析场景，尤其适用于离线批处理与准实时计算结合的领域。其高扩展性、容错性和开源生态的优势，使其在金融风控、电商推荐、物联网监控等十余个行业成功落地，成为企业应对海量异构数据处理的首选解决方案。

Hadoop 的典型应用场景如下。

1. 大数据存储

大数据存储是 Hadoop 的核心应用场景。Hadoop 的 HDFS 具有高容错性和可扩展性，能将海量数据分散存储在多个节点上。对于企业而言，无论是结构化还是非结构化数据(如电商的交易记录、多媒体的音视频文件)，都可借助 Hadoop 实现安全、高效的存储与管理。

2. 日志分析

日志分析是 Hadoop 的常见应用场景。Hadoop 能够处理海量的日志数据(如网站访问日志、系统操作日志等)，依据分布式计算能力，可快速对日志进行解析、聚合和统计。例如，天猫电商平台利用 Hive 分析日志，从中了解用户的行为模式，为产品优化和运营决策提供数据支撑。

3. 搜索引擎

Hadoop 可助力构建搜索引擎，能对大量的网页数据进行分布式存储和处理，通过 MapReduce 等算法进行索引构建和搜索结果排序。大型互联网搜索引擎(如 Google)借助 Hadoop 强大的处理能力，能高效地为用户提供准确的搜索结果，显著提升搜索服务质量。

4. 推荐系统

在电商、社交等领域，推荐系统发挥着重要作用。Hadoop 可以处理用户的历史行为数据、购买商品信息等，运用算法挖掘用户的兴趣特征。例如，天猫的推荐系统使用 Hive，通过分析用户的浏览、购买记录，能够为用户推荐合适的商品，从而提高用户的购买转化率。

5. 广告数据分析

在广告数据分析中，Hadoop 能对广告投放数据、用户反馈数据等进行深度分析。Hadoop 可以评估广告效果，优化广告投放策略，通过分析大量广告的展示、点击、转化等数据，找出最有效的广告渠道和投放时间，提高广告的投资回报率。

6. 医疗保健分析

医疗保健行业也广泛应用 Hadoop。Hadoop 可以存储和处理患者的病历、诊断数据、基因信息等。利用 Hadoop 集群进行语义分析，Hadoop 可帮助医疗机构为患者匹配合适的医护人员，协助医生进行更准确的诊断，从而推动医疗服务的精准化。

7. 金融风险评估

在金融风控领域，Hadoop 用于分析和处理金融交易数据、客户信用数据等，通过对海量数据的挖掘和分析，评估金融风险，检测欺诈行为。银行可基于分析结果优化信贷政策，从而有效降低风险，保障金融系统的稳定运行。

任务 1.2　Hadoop 集群环境搭建

任务描述：

> 本任务聚焦于 Hadoop 集群的工程化部署，基于 Linux 系统环境逐步演示伪分布式模式(单节点调试)与完全分布式模式(多节点协作)的配置要点，涵盖 SSH 免密登录、核心配置文件(core-site.xml 等)参数调优及集群启动验证等内容。

1.2.1　准备安装环境

在搭建 Hadoop 环境时，物理主机采用的操作系统是 Windows 11 专业版，虚拟机采用的是 VMware Workstation 16 pro(简称"VM")，在虚拟机上安装 CentOS 7 操作系统作为 Hadoop 的运行环境。在实现 Hadoop 集群配置时，经常需要进行物理主机与虚拟主机之间的通信，保证网络正常通信是实现所有任务的前提。下面我们来完成在 VM 中实现虚拟主机间相互通信的网络设置。

1. VM 网络设置

在 VMware 虚拟机环境中，有三种主要的网络通信模式。

1) 桥接模式

在桥接模式(Bridged Mode)下，虚拟机就像物理网络中的独立主机一样，拥有一个与宿主机和外部网络直接相连的独立 IP 地址。虚拟机会被分配到与宿主机相同的物理网络段中，能够直接与其他物理设备通信，并且能够获得 DHCP 服务器分配的动态 IP 地址或手动配置静态 IP 地址。对应的虚拟网卡通常是 VMnet0。桥接模式下，虚拟机通过这个虚拟网卡直接与物理网络桥接，因此虚拟网络接口的网络行为与物理主机上的实际网络接口类似。

2) 网络地址转换模式

使用网络地址转换模式(NAT Mode)时，虚拟机通过宿主机共享其网络连接。虚拟机的网络流量会经过宿主机上的 NAT 服务，从而让虚拟机能够访问外部网络，但外部网络不能直接访问虚拟机(除非设置端口转发规则)。在此模式下，虚拟机通常会从 VMware 提供的 NAT 子网中获取一个私有 IP 地址，而外部网络看到的是宿主机的 IP 地址。对应的虚拟网卡是 VMnet8。在此模式下，虚拟机通过 VMnet8 网络适配器共享宿主机的网络连接，并通过宿主机上的 NAT 服务实现对外部网络的访问。

3) 仅主机模式

在仅主机模式(Host-Only Mode)下，虚拟机只能与宿主机进行网络通信，无法访问外部网络。虚拟机和宿主机之间形成一个独立的、封闭的网络环境，它们共享一个由 VMware 虚拟网络适配器(如 VMnet1)创建的专用网络。虚拟机会在此网络内获得一个 IP 地址，该网络对外部世界不可见，常用于开发测试或者安全隔离场景。对应的虚拟网卡一般是 VMnet1。在 Host-Only Mode 下，虚拟机通过 VMnet1 与宿主机建立一个独立的、只限于宿主机和虚拟机之间通信的私有网络环境。

在本实验环境中，虚拟主机采用"桥接模式"，如图 1-2 所示。

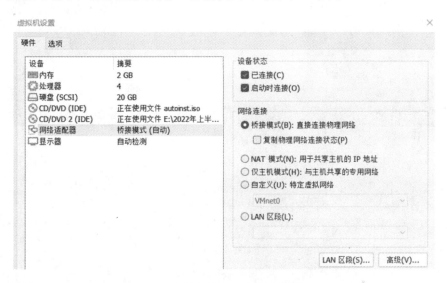

图 1-2　虚拟主机"桥接"模式

📖 **小提示**：若想要虚拟机像物理机一样融入现有网络，且直接与其他物理设备交互，则建议选择桥接模式；若只是想让虚拟机能够上网并保持一定程度的隔离性，或者出于 IP 地址管理的考虑，则更适合使用 NAT 模式。

我们可以通过查看 CentOS 7 虚拟机右上角的"🖧"图标，选择"Wired Connected→Wired Settings"选项查看当前虚拟网卡分配的 IP 地址，如图 1-3 和图 1-4 所示。

图 1-3　Wired Settings

图 1-4 DHCP 分配动态地址

在本次实验中，我们希望虚拟主机的 IP 地址是静态地址，以 root 权限登录虚拟机 CentOS 7，然后使用以下命令打开文件 ifcfg-en32s，来修改主机的 IP 地址为静态地址(代码不区分大小写)：

vi /etc/sysconfig/network-scripts/ifcfg-ens32

修改前的 ifcfg-ens32 文件配置信息如图 1-5 所示。

```
File Edit View Search Terminal Help
 1 TYPE=Ethernet
 2 PROXY_METHOD=none
 3 BROWSER_ONLY=no
 4 BOOTPROTO=dhcp
 5 DEFROUTE=yes
 6 IPV4_FAILURE_FATAL=no
 7 IPV6INIT=yes
 8 IPV6_AUTOCONF=yes
 9 IPV6_DEFROUTE=yes
10 IPV6_FAILURE_FATAL=no
11 IPV6_ADDR_GEN_MODE=stable-privacy
12 NAME=ens32
13 UUID=7ce9a9ff-1e37-44b2-b7f8-7e95edae6e79
14 DEVICE=ens32
15 ONBOOT=yes
```

图 1-5 修改前的 ifcfg-ens32 文件配置信息

将其中第 4 行和"BOOTPROTO=dhcp"修改为"BOOTPROTO=static"，并在文件末尾添加如下配置信息：

IPADDR=192.168.1.163

NETMASK=255.255.255.0

GATEWAY=192.168.1.1

DNS1=223.5.5.5

DNS2=172.21.1.166

修改完成后，按 Esc 键，进入 VI 编辑器的命令模式，输入命令"wq"，保存后退出。修改后的 ifcfg-ens32 文件配置信息如图 1-6 所示。

```
 1 TYPE=Ethernet
 2 PROXY_METHOD=none
 3 BROWSER_ONLY=no
 4 BOOTPROTO=static
 5 DEFROUTE=yes
 6 IPV4_FAILURE_FATAL=no
 7 IPV6INIT=yes
 8 IPV6_AUTOCONF=yes
 9 IPV6_DEFROUTE=yes
10 IPV6_FAILURE_FATAL=no
11 IPV6_ADDR_GEN_MODE=stable-privacy
12 NAME=ens32
13 UUID=7ce9a9ff-1e37-44b2-b7f8-7e95edae6e79
14 DEVICE=ens32
15 ONBOOT=yes
16 IPADDR=192.168.1.163
17 NETMASK=255.255.255.0
18 GATEWAY=192.168.1.1
19 DNS1=223.5.5.5
20 DNS2=172.21.1.166
```

图 1-6　修改后的 ifcfg-ens32 文件配置信息

修改完成后，执行以下命令，重启网络服务，使修改生效：

```
# service network restart
```

接下来，用如下命令检查网络配置信息：

```
# ifconfig
```

网络配置生效信息如图 1-7 所示。

```
[root@192 modules]# ifconfig -a
ens32: flags=4163<UP,BROADCAST,RUNNING,MULTICAST>  mtu 1500
        inet 192.168.1.163  netmask 255.255.255.0  broadcast 192.168.1.255
        inet6 fe80::d5d5:aad3:490e:d73b  prefixlen 64  scopeid 0x20<link>
        ether 00:0c:29:9b:f1:c8  txqueuelen 1000  (Ethernet)
        RX packets 1428052  bytes 1960718218 (1.8 GiB)
        RX errors 0  dropped 31  overruns 0  frame 0
        TX packets 172421  bytes 13847035 (13.2 MiB)
        TX errors 0  dropped 0 overruns 0  carrier 0  collisions 0

lo: flags=73<UP,LOOPBACK,RUNNING>  mtu 65536
        inet 127.0.0.1  netmask 255.0.0.0
        inet6 ::1  prefixlen 128  scopeid 0x10<host>
        loop  txqueuelen 1000  (Local Loopback)
        RX packets 4  bytes 344 (344.0 B)
        RX errors 0  dropped 0  overruns 0  frame 0
        TX packets 4  bytes 344 (344.0 B)
```

图 1-7　网络配置生效信息

最后测试物理主机与虚拟主机的通信，在物理主机(Windows 11 专业版)上按 Win + R 组合键，再输入 "cmd"，进入命令行模式，输入命令 "ping -n 4 192.168.1.163"，操作结果如图 1-8 所示。

```
Microsoft Windows [版本 10.0.22000.778]
(c) Microsoft Corporation。保留所有权利。

C:\Users\Administrator>cd \

C:\>ping -n 4 192.168.1.163

正在 Ping 192.168.1.163 具有 32 字节的数据:
来自 192.168.1.163 的回复: 字节=32 时间<1ms TTL=64
来自 192.168.1.163 的回复: 字节=32 时间<1ms TTL=64
来自 192.168.1.163 的回复: 字节=32 时间<1ms TTL=64
来自 192.168.1.163 的回复: 字节=32 时间<1ms TTL=64

192.168.1.163 的 Ping 统计信息:
    数据包: 已发送 = 4，已接收 = 4，丢失 = 0 (0% 丢失)，
往返行程的估计时间(以毫秒为单位):
    最短 = 0ms，最长 = 0ms，平均 = 0ms
```

图 1-8　物理主机与虚拟主机正常通信

结果显示物理主机与虚拟主机通信正常，这样后续实验就有了可靠的通信保障。

2. 文件传输

为了实现虚拟机之间或物理主机与虚拟主机之间的文件传输，我们需要使用文件传输工具，常用的工具有 Xshell 和 Xftp。

1）Xshell

Xshell 是一款由 NetSarang 公司开发的功能强大的 SSH(Secure Shell)终端模拟器，主要用于 Windows 操作系统(非跨平台)，可用于安全访问和管理远程服务器。我们使用的版本是 Xshell 7。在物理主机上利用 Xshell 7 连接虚拟主机 CentOS 7 的操作如下：

首先，打开 Xshell 7，弹出"会话"窗口，点击"新建"按钮，在"新建会话属性"面板中，左侧栏默认选择"连接"，右侧常规栏中名称定义为"Win11-CentOS 7"，协议为"SSH"，主机地址为"192.168.1.163"，端口号默认为"22"，如图 1-9 所示。

图 1-9　Xshell 7 连接选择属性 1

接下来，选择左侧栏的"用户身份验证"，用户名命名为"root"，并设置密码，如图 1-10 所示。再点击本页下端的"连接"按钮，让 Xshell 按受密码并保存，若用户名和密码正确，则连接成功。

图 1-10　Xshell 7 连接选择属性 2

连接成功后，在 Xshell 上操作 CentOS 7 的界面如图 1-11 所示。

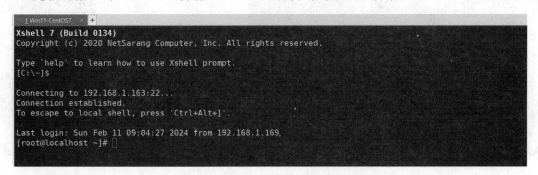

图 1-11　Xshell 7 选择 CentOS 7 虚拟机成功

在 Xshell 上操作 CentOS 7 进行配置与操作，达到的效果与直接在虚拟机上操作是一样的，省去了不断唤醒虚拟机和切换虚拟机的麻烦，而且在 Xshell 上可以很方便地实现虚拟机与物理主机之间的文件传送。

(1) 上传文件至 CentOS 7 虚拟机(从物理主机到虚拟机)。若把物理主机上的文件上传至虚拟主机的 /opt/softwares/ 目录下，则要先运行如下命令：

```
[root@localhost ~]# cd /opt/softwares/
```

然后运行如下命令：

```
[root@localhost softwares]# rz
```

运行结束弹出文件选择窗口，如图 1-12 所示。

图 1-12　上传文件到 CentOS 7 虚拟机

(2) 从 CentOS 7 虚拟机下载文件至物理主机(从虚拟机到物理主机)。首先在 CentOS 7 虚拟机的终端模式下定位要下载文件所在的目录，运行如下命令：

[root@localhost ~]# cd /opt/softwares/

然后使用"sz"命令进行文件下载，运行如下命令：

[root@localhost ~]# sz centos7testfile.txt

运行结果如图 1-13 所示。

图 1-13　下载文件到物理主机

2) Xftp

Xftp 是一款由 NetSarang 公司开发的专业 FTP(File Transfer Protocol)和 SFTP(Secure File Transfer Protocol)客户端软件，适用于 Windows 操作系统。该软件提供了安全、高效且用户友好的文件传输环境，使用户能够在本地计算机与远程服务器之间方便地进行文件和目录的上传、下载以及同步操作。相比较而言，Xshell 虽然也能实现远程文件传输，但它更注重终端模拟(模拟命令操作)；Xftp 是一款专为系统管理员、开发者以及其他需要频繁进行远程文件交换的专业人士设计的强大的 FTP/SFTP 客户端软件。

Xftp 连接虚拟机的方法与 Xshell 相似，如图 1-14 所示。

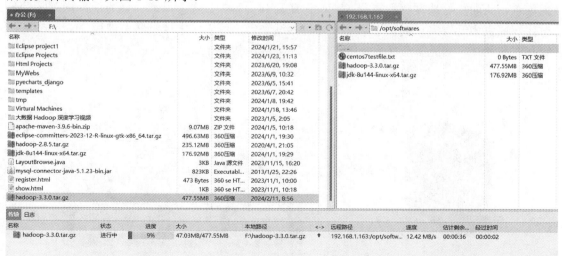

图 1-14　Xftp 连接属性设置

连接成功后，在文件传输界面选择好收发双方的存放路径，双击待传送的文件，便可启动文件传输，如图 1-15 所示。

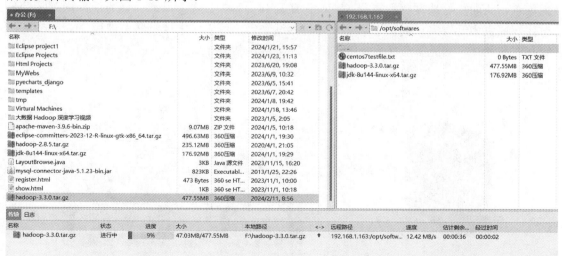

图 1-15　Xftp 文件传输

若不希望在物理主机与虚拟主机之间传输文件，且当前网络下载速度非常快，则可直接在虚拟机上使用"wget"命令下载所需要的安装包。"wget"命令的用法如下：

```
wget https://example.com/somefile.zip
```

在此例中，wget 命令用于从指定 URL(https://example.com/somefile.zip)下载名为"somefile.zip"的文件。执行此命令后，wget 会连接到目标服务器并开始下载该文件，将其保存在当前用户的工作目录下。

若要将文件保存至特定目录而非当前工作目录，则可以使用-O 或--output- document 参数，其用法如下：

```
wget -O /path/to/destination/directory/somefile.zip https://example.com/somefile.zip
```

此外，若网络不稳定且需要支持断点续传，则可在命令后加上-c 或--continue 参数，其用法如下：

```
wget -c https://example.com/largefile.iso
```

此命令可使 wget 在已下载数据的基础上继续下载文件，而不是重新开始下载。

1.2.2　Hadoop 3.3.0 伪分布式集群搭建

伪分布式 Hadoop 集群是指在单台计算机上模拟完整的 Hadoop 集群环境。在这种部署方式下，Hadoop 的各个组件(如 HDFS、YARN 和 MapReduce 等)都在同一台计算机上运行，且以分布式系统的方式相互通信和协作。

在伪分布式 Hadoop 集群中，通常会配置单节点上的多个进程来模拟不同的角色。例如，一个进程扮演 NameNode(HDFS 的主节点)，另一个进程扮演 ResourceManager(YARN 的资源管理器)，其他进程扮演 DataNode(HDFS 的从节点)和 NodeManager(YARN 的节点管理器)等。这样一来，虽然 Hadoop 的所有组件都运行在同一台机器上，但它们之间的通信和协作方式与真实的分布式环境是类似的。

伪分布式 Hadoop 集群的部署方式适合在单台机器上进行 Hadoop 的学习、开发和测试。通过搭建伪分布式环境，开发人员和系统管理员可以在较小规模的环境中模拟真实的分布式场景，从而更好地理解和掌握 Hadoop 的工作原理、配置参数和调优方法。同时，伪分布式环境也为开发人员提供了一个方便的测试平台，可以在本地机器上进行 Hadoop 应用的开发和调试，而无须连接到真实的分布式集群。伪分布式 Hadoop 集群结构示意图如图1-16 所示。

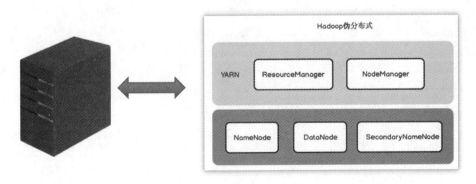

图 1-16　伪分布式 Hadoop 集群结构示意图

为了实验的方便和快捷，我们采用已有 root 权限的用户账号登录 CentOS 7 操作系统。安装伪分布式 Hadoop 集群的主要操作步骤如下。

1. 安装 JDK 1.8

由于在 Hadoop 的安装配置过程中需要用到 Java 编程，因此需安装 JDK。但是 CentOS 7 系统自带的 OpenJDK 版本不符合要求，必须先卸载它，才能安装所需的 JDK 1.8 版本。

1) 卸载系统自带的 JDK

执行以下命令，查询系统已经安装的 JDK：

```
# rpm -qa |grep java
javapackages-tools-3.4.1-11.el7.noarch
java-1.7.0-openjdk-headless-1.7.0.251-2.6.21.1.el7.x86_64
tzdata-java-2019c-1.el7.noarch
java-1.8.0-openjdk-1.8.0.242.b08-1.el7.x86_64
java-1.8.0-openjdk-headless-1.8.0.242.b08-1.el7.x86_64
python-javapackages-3.4.1-11.el7.noarch
java-1.7.0-openjdk-1.7.0.251-2.6.21.1.el7.x86_64
```

然后，使用 rpm-e--nodeps 卸载系统自带的 Java 程序，运行如下命令：

```
rpm -e --nodeps jjavapackages-tools-3.4.1-11.el7.noarch
rpm -e --nodeps java-1.7.0-openjdk-headless-1.7.0.251-2.6.21.1.el7.x86_64
rpm -e --nodeps tzdata-java-2019c-1.el7.noarch
rpm -e --nodeps java-1.8.0-openjdk-1.8.0.242.b08-1.el7.x86_64
rpm -e --nodeps java-1.8.0-openjdk-headless-1.8.0.242.b08-1.el7.x86_64
rpm -e --nodeps python-javapackages-3.4.1-11.el7.noarch
rpm -e --nodeps java-1.7.0-openjdk-1.7.0.251-2.6.21.1.el7.x86_64
```

2) 下载安装包并上传至指定目录

我们可以在 Oracle JDK 的官网(http://www.oracle.com/technetwork/java/javase/downloads/index.html)下载相应版本的 JDK。本例以 JDK 1.8 为例，下载的安装包是 jdk-8u144-linux-x64.tar.gz.

在 CentOS 7 操作系统中新建两个文件夹：modules 和 softwares。前者存放相关程序安装目录，后者存放安装程序包。其相关命令如下：

```
# mkdir /opt/modules
# mkdir /opt/softwares
```

接下来，使用 Xftp 7 软件将在物理主机上下载的 JDK 安装包存放在 /opt/softwares 目录下。然后，将 JDK 软件解压至 /opt/modules 目录下。关于 Xftp 7 软件的使用，关键点是要确保物理主机和虚拟主机上的 CentOS 7 能正常通信。其运行命令如下：

```
# cd /opt/softwares/
# tar -zxf jdk-8u144-linux-x64.tar.gz   -C /opt/modules/
```

3) 配置环境变量

输入命令"vi/etc/profile"打开配置文件，进行环境变量配置，在 VI 编辑器中输入字母"i"，进入"Insert"(文本插入编辑状态)，在 profile 文件末尾添加如下代码：

```
# set java environment
export JAVA_HOME=/opt/modules/jdk1.8.0_144
export PATH=$JAVA_HOME/bin:$PATH
export CLASSPATH=.:$JAVA_HOME/jre/lib/rt.jar
```

按下 Esc 键，在窗口命令行输入"：wq"，保存并退出，更新环境变量，执行如下命令：

```
# source /etc/profile
```

4) 验证 JDK 是否安装成功

输入命令"java -version"，若显示 JDK 版本信息，则说明当前系统的 JDK 已设置成 CentOS 系统默认的 JDK，其命令如下：

```
# java -version
java version "1.8.0_144"                                    (注：JDK 版本号)
Java(TM) SE Runtime Environment (build 1.8.0_144-b01)      (注：Java 运行环境版本号)
Java HotSpot(TM) 64-Bit Server VM (build 25.144-b01, mixed mode)
```

2. 配置 Hadoop 系统环境变量

同样，我们使用 Xftp 7 软件，将在物理主机上下载的 Hadoop 安装包存放在 /opt/softwares 目录下，这里使用 Hadoop 3.3.0 版本。若使用"wget"命令，则可以在线下载 Hadoop-3.3.0.tar.gz 至 CentOS 7 当前目录下，然后解压至 /opt/modules/ 目录下，使用命令如下：

```
# wget https://archive.apache.org/dist/Hadoop/common/Hadoop-3.3.0/Hadoop-3.3.0.tar.gz
# tar -zxf Hadoop-3.3.0.tar.gz -C /opt/modules/
```

此时可查看 /opt/modules/ 目录下安装好的相关程序，如图 1-17 所示。

```
[root@192 ~]# cd /opt/modules/
[root@192 modules]# ll
total 0
drwxr-xr-x. 10 1001 1001 215 Jul  7  2020 hadoop-3.3.0
drwxr-xr-x.  8   10  143 255 Jul 22  2017 jdk1.8.0_144
```

图 1-17　安装 JDK1.8 与 Hadoop 3.3.0

为了可以方便地在任何目录下执行 Hadoop 命令，而不需要进入 Hadoop 安装目录，需要配置 Hadoop 系统环境变量，同样也是修改 /etc/profile：输入命令"vi/etc/profile"，在 VI 编辑器中输入字母"i"，进入文本插入编辑状态，在 profile 文件末尾添加如下代码：

```
# set Hadoop environment
export Hadoop_HOME=/opt/modules/Hadoop-3.3.0
export PATH=$PATH:$Hadoop_HOME/bin:$Hadoop_HOME/sbin
```

按下 Esc 键，在窗口命令行输入"：wq"，保存并退出，更新环境变量，执行如下命令：

```
# source /etc/profile
```

最后，通过运行如下命令，查看 Hadoop 版本信息：

> # Hadoop version

查看 Hadoop 版本信息的命令及运行结果如图 1-18 所示。可以看出 Hadoop 3.3.0 版本信息已经正确显示。

```
[root@master etc]# hadoop version
Hadoop 3.3.0
Source code repository https://gitbox.apache.org/repos/asf/hadoop.git -r aa96f1871bfd858f9bac59cf2a81ec470da649af
Compiled by brahma on 2020-07-06T18:44Z
Compiled with protoc 3.7.1
From source with checksum 5dc29b802d6ccd77b262ef9d04d19c4
This command was run using /opt/modules/hadoop-3.3.0/share/hadoop/common/hadoop-common-3.3.0.jar
[root@master etc]#
```

图 1-18　查看 Hadoop 版本信息

3. 新建用户并修改权限

运行如下命令添加一个普通用户 zspt，并设置密码：

> $ adduser zspt
>
> $ passwd　zspt

为了使普通用户 zspt 可以使用 root 权限执行相关命令(如 dfs 服务的启动、系统文件的修改等)，需要将 zspt 用户进行提权。运行"vi/etc/sudoers"命令，在命令文本 root ALL=(ALL) ALL 的下方添加以下代码：

> zspt　ALL=(ALL)　NOPASSWD:ALL

添加后的结果如图 1-19 所示。

```
## Syntax:
##
##      user      MACHINE=COMMANDS
##
## The COMMANDS section may have other options added to it.
##
## Allow root to run any commands anywhere
root      ALL=(ALL)        ALL
zspt      ALL=(ALL)        NOPASSWD:ALL
## Allows members of the 'sys' group to run networking, software,
## service management apps and more.
# %sys ALL = NETWORKING, SOFTWARE, SERVICES, STORAGE, DELEGATING, PROCESSES, LOCATE, DRIVERS

## Allows people in group wheel to run all commands
%wheel  ALL=(ALL)        ALL

## Same thing without a password
# %wheel          ALL=(ALL)        NOPASSWD: ALL

## Allows members of the users group to mount and unmount the
## cdrom as root
# %users  ALL=/sbin/mount /mnt/cdrom, /sbin/umount /mnt/cdrom
```

图 1-19　用户提权

运行"su zspt"命令，将当前用户切换为 zspt，继续执行后面的操作。

4. CentOS 7 防火墙安全配置

CentOS 防火墙安全配置是保护服务器安全的重要措施。CentOS 默认提供 Iptables 和 Firewalld 两种防火墙解决方案。前者是传统工具，配置涉及安装服务、编辑规则、保存恢复规则等步骤；后者是较新的动态防火墙管理器，适合 CentOS 7 及更高版本，能管理网络区域、添加删除服务等。

  CentOS 7 默认启用了防火墙，在网络服务方面权限要求比较严格，因此我们需要将 Firewalld 服务关闭。若只是想临时关闭防火墙，则可以使用如下命令：

```
$ sudo systemctl stop firewalld
```

  上述命令会立即停止运行 Firewalld 服务，但重启系统后防火墙会自动启动。若禁用防火墙开机启动，则可使用如下命令：

```
$ sudo systemctl disable firewalld
```

  若要查看防火墙的状态，则可使用如下命令：

```
$ sudo systemctl status firewalld
```

  若要输出显示 inactive (dead)，则表明防火墙已关闭；若后面想重新开启防火墙，则可使用如下命令：

```
$ sudo systemctl firewall start firewalld.service
```

> 📖 **小提示**：关闭防火墙可能增加系统的安全风险。在生产环境中，建议根据实际需求配置防火墙规则而不是完全关闭防火墙。若只是想暂时打开某个端口或服务，则应使用 Firewalld 的相关命令来添加允许规则，而非直接关闭防火墙。

5. 主机名配置及 IP 地址映射

  在设置了主机的固定 IP 地址后，系统会将主机默认命名为 "localhost"，在伪分布式 Hadoop 集群中，我们希望将主机命名为 "master"，使用命令如下：

```
$ hostname master
```

  此命名是临时的，重启系统后会失效，如果要永久改变主机名，就需要修改/etc/hostname 文件，相关命令如下：

```
$ vi /etc/hostname
```

  该文件默认的内容是 localhost.localdomain，将其内容替换为 master，然后输入 ":wq!"，保存后退出，再用 "reboot" 命令，使修改生效。重启后，主机名变成 master，如图 1-20 所示。

```
Connecting to 192.168.1.163:22...
Connection established.
To escape to local shell, press 'Ctrl+Alt+]'.

Last login: Sun Feb 11 14:10:31 2024
[root@master ~]# 
```

图 1-20　主机名修改结果

  接下来，需要进行主机名与 IP 地址的映射，即修改 /etc/hosts 文件，使用命令如下：

```
# vi /etc/hosts
```

在该文件末尾，添加内容 192.168.1.163 master，如图 1-21 所示。

```
  1 127.0.0.1    localhost localhost.localdomain localhost4 localhost4.localdomain4
  2 ::1          localhost localhost.localdomain localhost6 localhost6.localdomain6
  3 192.168.1.163 master
```

图 1-21　主机名 master 与 IP 地址映射

然后进行主机名与 IP 地址映射是否成功的测试，如图 1-22 所示。

```
[root@master ~]# ping -c 4 master
PING master (192.168.1.163) 56(84) bytes of data.
64 bytes from master (192.168.1.163): icmp_seq=1 ttl=64 time=0.034 ms
64 bytes from master (192.168.1.163): icmp_seq=2 ttl=64 time=0.072 ms
64 bytes from master (192.168.1.163): icmp_seq=3 ttl=64 time=0.070 ms
64 bytes from master (192.168.1.163): icmp_seq=4 ttl=64 time=0.073 ms

--- master ping statistics ---
4 packets transmitted, 4 received, 0% packet loss, time 3001ms
rtt min/avg/max/mdev = 0.034/0.062/0.073/0.017 ms
[root@master ~]#
```

图 1-22　主机名 master 与 IP 地址映射成功

6. SSH 免密登录

在 Hadoop 的安装过程中，配置免密登录与否是无关紧要的，但是如果不配置免密登录，每次启动 Hadoop 都需要输入密码才能登录到集群中的每台机器上。考虑到一般的 Hadoop 集群往往拥有数百台机器，因此一般来说都会配置集群节点间 SSH 免密登录。

1）生成本机密钥文件

首先，测试本地 SSH 连通性，相关命令如下：

```
[zspt@master ~]$ ssh localhost
[zspt@master ~]$ cd   ~/.ssh/              #由于登录用户为 zspt，因此 ~/.ssh/等同于/zspt/.ssh/
```

接下来，我们用 RSA 算法生成密钥文件，相关命令如下：

```
[root@master .ssh]$ ssh-keygen -t rsa
```

当出现提示时，按回车键默认将密钥文件生成到 ~/.ssh/目录下，如图 1-23 所示。

```
[zspt@master hadoop]$ ssh localhost
zspt@localhost's password:
Last login: Sun Feb 11 18:30:16 2024
[zspt@master ~]$ ssh-keygen -t rsa
Generating public/private rsa key pair.
Enter file in which to save the key (/home/zspt/.ssh/id_rsa):
Enter passphrase (empty for no passphrase):
Enter same passphrase again:
Your identification has been saved in /home/zspt/.ssh/id_rsa.
Your public key has been saved in /home/zspt/.ssh/id_rsa.pub.
The key fingerprint is:
SHA256:qX9LJG1IK9YRZ2ytme22iYrkT/ScErZdeavjjLGDzJE zspt@master
The key's randomart image is:
+---[RSA 2048]----+
|        ..o.     |
|        +o .     |
|       o. =      |
|      o *+ ..    |
|     o S.+.o .   |
|    . =EX oo.. . |
|     oo+oBo o.   |
|    o ++o+=+.    |
|     o.+o+++.    |
+----[SHA256]-----+
[zspt@master ~]$
```

图 1-23　生成密钥文件

通过如下命令查看 ~/.ssh 目录下的文件：

```
$ ll   ~/.ssh
```

可以看到在 ~/.ssh 目录下已经生成了 id_dsa.pub(本机的公钥)和 id_dsa(本机的密钥)文件，如图 1-24 所示。

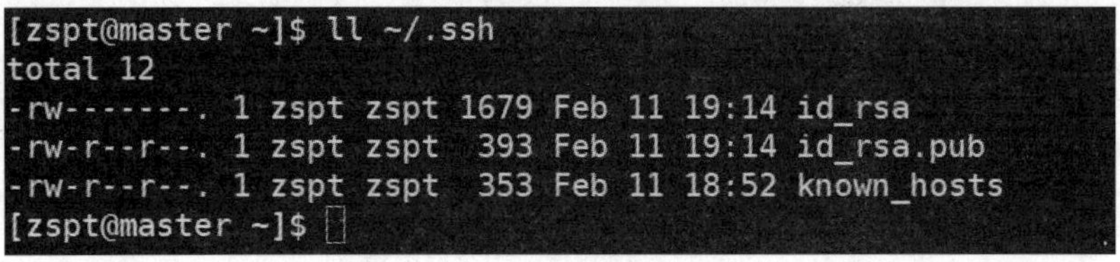

```
[zspt@master ~]$ ll ~/.ssh
total 12
-rw-------. 1 zspt zspt 1679 Feb 11 19:14 id_rsa
-rw-r--r--. 1 zspt zspt  393 Feb 11 19:14 id_rsa.pub
-rw-r--r--. 1 zspt zspt  353 Feb 11 18:52 known_hosts
[zspt@master ~]$ []
```

图 1-24　查看公钥和密钥文件

2) 密钥分发

将当前节点的公钥文件 id_dsa.pub 内容输出追加到任意节点 ~/.ssh/authorized_keys 文件的末尾，则在被添加的节点上便可以免密登录到当前的节点(由于是单节点部署，因此直接追加到当前节点的 ~/.ssh/authorized_keys 文件中即可)，相关命令如下：

```
$ cd   ~/.ssh
$ cat ~/.ssh/id_rsa.pub >> ~/.ssh/authorized_keys
```

上述命令运行完成后再次查看 ~/.ssh 目录下的文件，可以看到已经创建了 authorized_keys 文件，如图 1-25 所示。

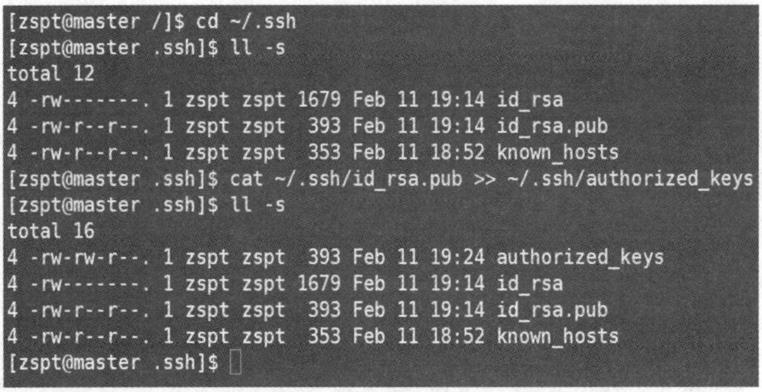

```
[zspt@master /]$ cd ~/.ssh
[zspt@master .ssh]$ ll -s
total 12
4 -rw-------. 1 zspt zspt 1679 Feb 11 19:14 id_rsa
4 -rw-r--r--. 1 zspt zspt  393 Feb 11 19:14 id_rsa.pub
4 -rw-r--r--. 1 zspt zspt  353 Feb 11 18:52 known_hosts
[zspt@master .ssh]$ cat ~/.ssh/id_rsa.pub >> ~/.ssh/authorized_keys
[zspt@master .ssh]$ ll -s
total 16
4 -rw-rw-r--. 1 zspt zspt  393 Feb 11 19:24 authorized_keys
4 -rw-------. 1 zspt zspt 1679 Feb 11 19:14 id_rsa
4 -rw-r--r--. 1 zspt zspt  393 Feb 11 19:14 id_rsa.pub
4 -rw-r--r--. 1 zspt zspt  353 Feb 11 18:52 known_hosts
[zspt@master .ssh]$ []
```

图 1-25　密钥内容加入授权文件中

确认权限设置正确，运行如下命令：

```
[zspt@master ~]$ chmod 600 ~/.ssh/authorized_keys
```

3) 验证免密登录是否配置成功

使用如下命令通过设置的主机名进行连接，可以验证免密登录是否配置成功(第一次登录时，会询问是否继续连接，输入"yes"即可进入，第二次连接时则不会再出现此提示)：

```
[zspt@master .ssh]$ ssh master
```

连接成功后，需要通过下列命令退出连接：

```
exit
```

命令运行结果如图 1-26 所示。

```
[zspt@master ~]$ ssh master
Last login: Sun Feb 11 19:29:26 2024 from master
[zspt@master ~]$ exit
logout
Connection to master closed.
[zspt@master ~]$ 
```

图 1-26　免密登录测试

7. Hadoop 伪分布式集群主要文件配置

Hadoop 的主要配置文件位于 /opt/modules/hadoop-3.3.0/etc/hadoop/ 目录下，首先使用 "cd" 命令进入该目录，再进行相关文件配置，如图 1-27 所示。

```
[zspt@master ~]$ cd /opt/modules/hadoop-3.3.0/etc/hadoop/
[zspt@master hadoop]$ ll
total 176
-rw-r--r--. 1 zspt zspt  9213 Jul  7  2020 capacity-scheduler.xml
-rw-r--r--. 1 zspt zspt  1335 Jul  7  2020 configuration.xsl
-rw-r--r--. 1 zspt zspt  2567 Jul  7  2020 container-executor.cfg
-rw-r--r--. 1 zspt zspt   979 Feb 11 18:00 core-site.xml
-rw-r--r--. 1 zspt zspt  3999 Jul  7  2020 hadoop-env.cmd
-rw-r--r--. 1 zspt zspt 17039 Feb 11 18:58 hadoop-env.sh
-rw-r--r--. 1 zspt zspt  3321 Jul  7  2020 hadoop-metrics2.properties
-rw-r--r--. 1 zspt zspt 11765 Jul  7  2020 hadoop-policy.xml
-rw-r--r--. 1 zspt zspt  3414 Jul  7  2020 hadoop-user-functions.sh.example
-rw-r--r--. 1 zspt zspt   683 Jul  7  2020 hdfs-rbf-site.xml
-rw-r--r--. 1 zspt zspt  1095 Feb 11 17:32 hdfs-site.xml
-rw-r--r--. 1 zspt zspt  1484 Jul  7  2020 httpfs-env.sh
-rw-r--r--. 1 zspt zspt  1657 Jul  7  2020 httpfs-log4j.properties
-rw-r--r--. 1 zspt zspt   620 Jul  7  2020 httpfs-site.xml
-rw-r--r--. 1 zspt zspt  3518 Jul  7  2020 kms-acls.xml
-rw-r--r--. 1 zspt zspt  1351 Jul  7  2020 kms-env.sh
-rw-r--r--. 1 zspt zspt  1860 Jul  7  2020 kms-log4j.properties
-rw-r--r--. 1 zspt zspt   682 Jul  7  2020 kms-site.xml
-rw-r--r--. 1 zspt zspt 14032 Jul  7  2020 log4j.properties
-rw-r--r--. 1 zspt zspt   951 Jul  7  2020 mapred-env.cmd
-rw-r--r--. 1 zspt zspt  1764 Jul  7  2020 mapred-env.sh
-rw-r--r--. 1 zspt zspt  4113 Jul  7  2020 mapred-queues.xml.template
```

图 1-27　Hadoop 主要配置文件存放路径

1) 核心配置文件 core-site.xml

core-site.xml 是 Hadoop 框架中的一个核心配置文件。它包含了 Hadoop 系统的基础配置信息。其配置内容如下：

```
<!--core-site.xml -->
<configuration>
  <property>
    <name>fs.defaultFS</name>
    <value>hdfs://master:9000</value>
  </property>
  <property>
    <name>Hadoop.tmp.dir</name>
    <value>file:/opt/modules/Hadoop-3.3.0/tmp</value>
  </property>
</configuration>
```

2) HDFS 配置文件 hdfs-site.xml

hdfs-site.xml 是 Hadoop 分布式文件系统(HDFS)的核心配置文件。它定义了 HDFS 的特性和行为。其配置内容如下:

```
<!--hdfs-site.xml -->
<configuration>
  <property>
    <name>dfs.replication</name>
    <value>2</value>
  </property>
  <property>
    <name>dfs.permissions.enabled</name>
    <value>false</value>
  </property>
  <!-- 启用 NameNode 的格式化 -->
  <property>
    <name>dfs.namenode.name.dir</name>
    <value>file:/opt/modules/Hadoop-3.3.0/tmp/dfs/name</value>
  </property>
  <property>
    <name>dfs.datanode.data.dir</name>
    <value>file:/opt/modules/Hadoop-3.3.0/tmp/dfs/data</value>
  </property>
</configuration>
```

3) YARN 配置文件 yarn-site.xml

yarn-site.xml 是 Hadoop YARN 资源管理器的核心配置文件。它定义了 YARN 在集群中的各种资源配置、行为和策略。值得注意的是,在 Hadoop 3.3.0 版本中,/%Hadoop_ HOME%/etc/Hadoop/ 路径下已经有了 yarn-site.xml 文件,则其不再是 yarn-site.xml.template 文件,因此可以直接修改,而不需要改名。

yarn-site.xml 配置信息如下:

```
<!-- yarn-site.xml -->
<configuration>
  <property>
    <name>mapreduce.framework.name</name>
    <value>yarn</value>
  </property>
  <property>
    <name>yarn.nodemanager.aux-services</name>
    <value>mapreduce_shuffle</value>
```

```
    </property>
    </configuration>
```

8. 初始化 HDFS

运行以下命令，若得到如图 1-28 所示的运行结果，则表明 Namenode 初始化成功：

```
$ hdfs namenode -format
```

```
[zspt@master hadoop]$ clear
[zspt@master hadoop]$ hdfs namenode -format
2024-02-11 19:40:57,626 INFO namenode.NameNode: STARTUP_MSG:
/************************************************************
STARTUP_MSG: Starting NameNode
STARTUP_MSG:   host = master/192.168.1.163
STARTUP_MSG:   args = [-format]
STARTUP_MSG:   version = 3.3.0
STARTUP_MSG:   classpath = /opt/modules/hadoop-3.3.0/etc/hadoop:/opt/modules/hadoop-3.3.0/
```

图 1-28　初始化 Namenode

9. 启动 Hadoop

在启动 dfs 和 YARN 相关服务前，必须新建其他用户。因为在生产环境中，通常不建议直接使用 root 用户启动 Hadoop 服务。在 Hadoop 配置中，为增强系统的安全性，可以为各个组件设置特定的服务运行用户。

(1) 修改用户 zspt 对 Hadoop 安装文件的权限，使用如下命令：

```
[zspt@master /]$ sudo chown -R zspt:zspt /opt/modules/Hadoop-3.3.0/
```

在 Hadoop 配置文件(Hadoop-env.sh)中，添加并运行以下环境变量：

```
export HDFS_NAMENODE_USER=zspt
export HDFS_DATANODE_USER=zspt
export HDFS_SECONDARYNAMENODE_USER=zspt
export JAVA_HOME=/opt/modules/jdk1.8.0_144
export PATH=$JAVA_HOME/bin:$PATH
export CLASSPATH=.:$JAVA_HOME/jre/lib/rt.jar
```

运行结果如图 1-29 所示。

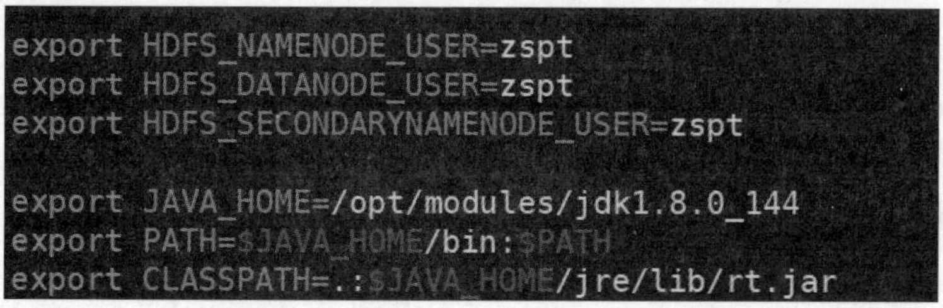

```
export HDFS_NAMENODE_USER=zspt
export HDFS_DATANODE_USER=zspt
export HDFS_SECONDARYNAMENODE_USER=zspt

export JAVA_HOME=/opt/modules/jdk1.8.0_144
export PATH=$JAVA_HOME/bin:$PATH
export CLASSPATH=.:$JAVA_HOME/jre/lib/rt.jar
```

图 1-29　Hadoop-env.sh 添加相关内容

接下来，运行以下命令，使环境变量生效：

```
source Hadoop-env.sh
```

(2) zspt 用户启动服务，查看相关进程，运行如下命令：

```
$ start-dfs.sh
$ start-yarn.sh
$ jps
```

运行结果如图 1-30 所示。

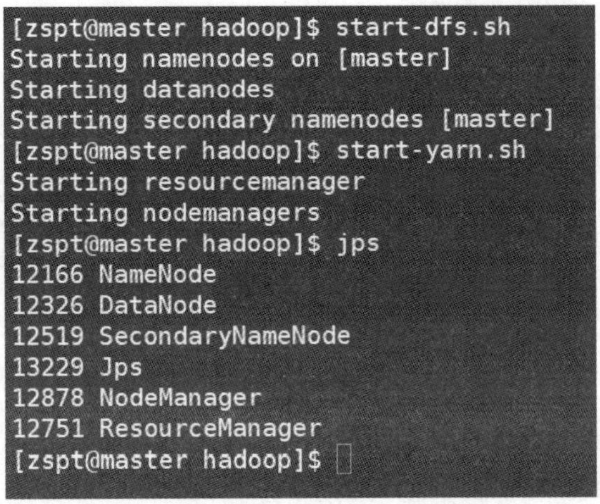

```
[zspt@master hadoop]$ start-dfs.sh
Starting namenodes on [master]
Starting datanodes
Starting secondary namenodes [master]
[zspt@master hadoop]$ start-yarn.sh
Starting resourcemanager
Starting nodemanagers
[zspt@master hadoop]$ jps
12166 NameNode
12326 DataNode
12519 SecondaryNameNode
13229 Jps
12878 NodeManager
12751 ResourceManager
[zspt@master hadoop]$ 
```

图 1-30　Hadoop 启动相关服务并查看进程

10. 验证 Hadoop 集群

yarn-site.xml 是 Hadoop YARN 资源管理器的核心配置文件。运行如下命令，在集群上新建一个目录(/user/mydirs/)，然后查看新建的目录，运行结果如图 1-31 所示。

```
[zspt@master Hadoop]$ hdfs dfs -mkdir -p /user/mydirs
[zspt@master Hadoop]$ hdfs dfs -ls /
```

```
[zspt@master hadoop]$ hdfs dfs -mkdir -p /user/mydirs
[zspt@master hadoop]$ hdfs dfs -ls /
Found 1 items
drwxr-xr-x   - zspt supergroup          0 2024-02-11 20:00 /user
[zspt@master hadoop]$ 
```

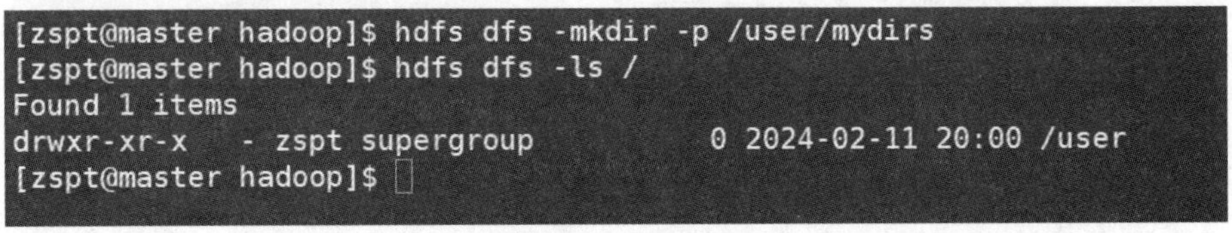

图 1-31　Hadoop 集群上新建目录并查看

11. Hadoop Web 页面管理

HDFS NameNode Web UI 访问地址：http://localhost:9870。此页面用于查看 HDFS 文件系统的基本信息、文件块分布情况，以及 NameNode 的运行状态等。特别提醒：在 Hadoop 2.0 版本中，HDFS 的 Web 管理端口号是 50070；在 Hadoop 3.0 版本中，其端口号改成了 9870。

由于 localhost 已经更名为 master，因此在 CentOS 7 中用 Firefox 浏览器访问 HDFS NameNode 的管理页面，如图 1-32 所示。

YARN ResourceManager Web UI 地址：http://localhost:8088。此页面可用于查看整个 YARN 集群资源的使用情况，包括队列、应用程序状态，以及容器分配等信息。在 CentOS 7 中用 Firefox 浏览器访问 YARN ResourceManager 的管理页面，如图 1-33 所示。

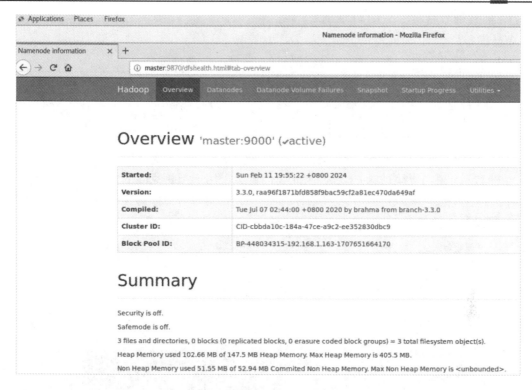

图 1-32　HDFS NameNode 管理页面

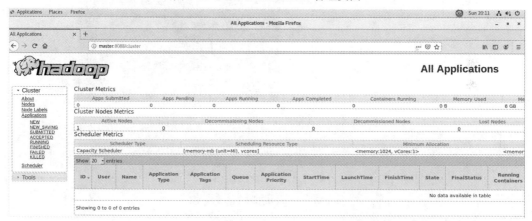

图 1-33　YARN ResourceManager 管理页面

1.2.3　Hadoop 3.3.0 完全分布式集群搭建

Hadoop 完全分布式集群是指一种基于 Apache Hadoop 框架的大数据处理环境配置方式，其中每个组件(如 HDFS 的 NameNode、DataNode 和 YARN 的 ResourceManager、NodeManager 等)都运行在独立的物理或虚拟节点上。这种部署模式旨在模拟生产环境中的高可用性、容错性和可扩展性。搭建完全分布式集群至少需要 3 台主机，安装和配置 Hadoop 3.0 完全分布式集群的主要操作步骤如下：

1. 集群各节点角色及 IP 地址规划

3 台虚拟机的 IP 地址及角色规划如表 1-1 所示。

表 1-1 3 台虚拟机的 IP 地址及角色规划

虚拟机名	CentOS 01	CentOS 02	CentOS 03
角色规划	NameNode	DataNode1	DataNode2
IP 地址(桥接方式)	192.168.1.165	192.168.1.166	192.168.1.167

由于完全分布式 Hadoop 3.3.0 集群的安装配置过程与伪分布式的过程基本一致，只是在机器的数量上由 1 台增加到 3 台，因此我们可以采用虚拟机克隆的方式，对已经配置完成的 1.2.1 小节的"master 主机"进行虚拟机克隆，再对每台克隆虚拟机进行微调，这样可以极大地提高工作效率。3 台虚拟机克隆完成后如图 1-34 所示。

图 1-34 3 台虚拟机克隆完成

2. 集群各节点基础环节配置

基础环节配置包括：各节点分别安装 JDK 1.8，各节点分别新建用户 zspt 并修改权限，各节点分别关闭防火墙等。由于各节点均是通过虚拟机克隆实现的，因此这些基础配置都已经完成。

3. 集群各节点主机名配置及 IP 地址映射

下面以 NameNode 主机为例，运行如下命令修改其 IP 地址：

```
[zspt@master ~]$ sudo vi /etc/sysconfig/network-scripts/ifcfg-ens32
```

进入 ifcfg-ens32 文件，将该主机的 IP 地址改为"192.168.1.165"后，运行如下命令使其网络重启：

```
[zspt@master ~]$ sudo service network restart
```

接下来，运行如下命令修改主机名：

```
[zspt@master ~]$ sudo hostname NameNode
[zspt@master ~]$ sudo vi /etc/hostname
```

将 192.168.1.165 的主机名改为 NameNode，重启生效后再运行如下命令：

```
[zspt@master ~]$ sudo vi /etc/hosts
```

在该文件末尾，添加内容："192.168.1.165 NameNode"，如图 1-35 所示。

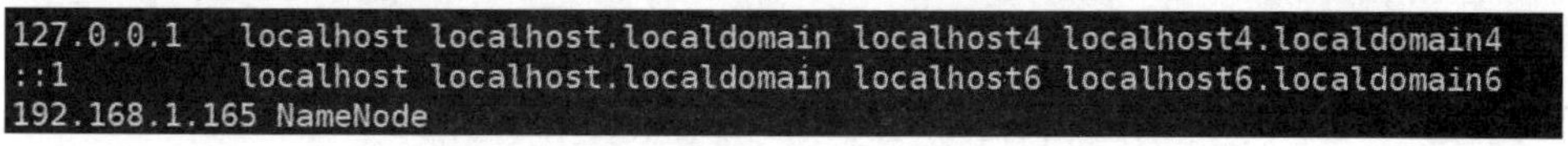

```
127.0.0.1     localhost localhost.localdomain localhost4 localhost4.localdomain4
::1           localhost localhost.localdomain localhost6 localhost6.localdomain6
192.168.1.165 NameNode
```

图 1-35 NameNode 主机名与 IP 地址映射

至此，NameNode 主机的基础环节配置就完成了(DataNode1 和 DataNode2 的操作与此类似，不再赘述)，其命令端运行状态如下：

```
[zspt@NameNode ~]$
```

4. 集群各节点配置 SSH 免密登录

在 Hadoop 3.0 完全分布式集群中，SSH 免密登录比伪分布式集群要复杂一些，下面采用命令复制方式重新进行配置。分别在 3 台主机(NameNode、DataNode1 和 DataNode2)上执行如下命令生成密钥文件：

```
[zspt@NameNode ~]$ cd ~/.ssh              #若没有该目录，则先执行一次 ssh localhost
[zspt@NameNode .ssh]$ ssh-keygen -t rsa   #生成密钥信息，若有提示输入信息，则按回车键
```

分别在 3 个节点执行如下命令，将公钥信息复制并追加到对方节点的授权文件 authorized_keys 中：

```
$ ssh-copy-id NameNode
$ ssh-copy-id DataNode1
$ ssh-copy-id DataNode2
```

接下来测试 SSH 免密登录。在 NameNode 上 SSH 免密登录其他主机，实验成功，测试结果如图 1-36 所示。

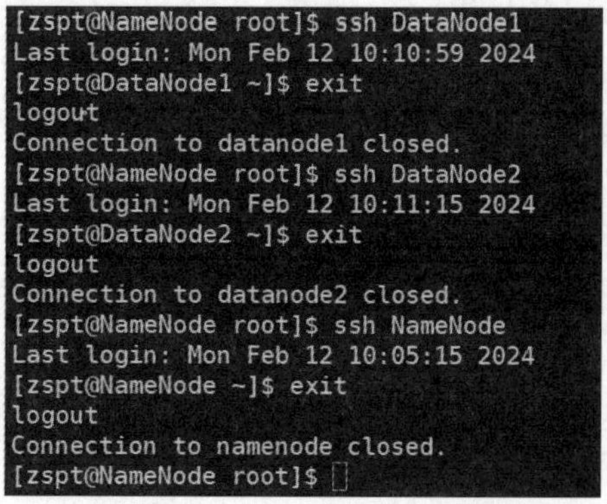

```
[zspt@NameNode root]$ ssh DataNode1
Last login: Mon Feb 12 10:10:59 2024
[zspt@DataNode1 ~]$ exit
logout
Connection to datanode1 closed.
[zspt@NameNode root]$ ssh DataNode2
Last login: Mon Feb 12 10:11:15 2024
[zspt@DataNode2 ~]$ exit
logout
Connection to datanode2 closed.
[zspt@NameNode root]$ ssh NameNode
Last login: Mon Feb 12 10:05:15 2024
[zspt@NameNode ~]$ exit
logout
Connection to namenode closed.
[zspt@NameNode root]$ 
```

图 1-36 NameNode SSH 免密登录测试

5. 集群各节点 Hadoop 主要配置

下面以 NameNode 主机为例，进行 Hadoop 主要文件配置。配置方式与伪分布式 Hadoop 集群基本相同，但需对部分配置文件进行细节调整。

1) 配置 Hadoop 环境变量

Hadoop 所有的配置文件都存放在 /opt/modules/Hadoop-3.3.0/etc/Hadoop/ 目录下，进入该目录，需修改以下文件：

```
Hadoop-env.sh
mapred-env.sh
yarn-env.sh
```

在以上 3 个文件中分别加入 JAVA_HOME 环境变量，使用命令如下：

```
export JAVA_HOME=/opt/modules/jdk1.8.0_144
```

2) 核心配置文件 core-site.xml

核心配置文件 core-site.xml 的微调内容如下：

```xml
<!--core-site.xml -->
<configuration>
  <property>
    <name>fs.defaultFS</name>
    <value>hdfs://NameNode:9000</value>
  </property>
  <property>
    <name>Hadoop.tmp.dir</name>
    <value>file:/opt/modules/Hadoop-3.3.0/tmp</value>
  </property>
</configuration>
```

3) HDFS 配置文件 hdfs-site.xml

hdfs-site.xml 是 Hadoop HDFS 的核心配置文件。它定义了 HDFS 的特性和行为，其配置内容与伪分布式基本一致，无须修改。

4) YARN 配置文件 yarn-site.xml

yarn-site.xml 是 Hadoop YARN 资源管理器的核心配置文件。它定义了 YARN 在集群中的各种资源配置、行为和策略，其配置内容与伪分布式完全一致，只需在配置文件中添加资源管理主机的相关属性，如下配置清单中的加粗代码行所示。

```xml
<configuration>
<!-- Site specific YARN configuration properties -->
    <property>
        <name>mapreduce.framework.name</name>
        <value>yarn</value>
    </property>
    <property>
```

```
                <name>yarn.nodemanager.aux-services</name>
                <value>mapreduce_shuffle</value>
        </property>
        <property>
                <name>yarn.resourcemanager.hostname</name>
                <value>namenode</value>
        </property>
</configuration>
```

5) 核心配置文件 mapred-site.xml

MapReduce 框架核心配置文件 mapred-site.xml 的主要配置信息如下：

```
<configuration>
        <property>
                <name>mapreduce.framework.name</name>
                <value>yarn</value>
        </property>
</configuration>
```

6) 复制文件夹

复制 NameNode 上的 Hadoop-3.3.0 文件夹到 DataNode1、DataNode2，运行如下命令：

```
[zspt@NameNode /]$ cd /opt/modules/
[zspt@NameNode Hadoop]$ scp Hadoop-3.3.0/    zspt@DataNode1:/opt/modules/
[zspt@NameNode Hadoop]$ scp Hadoop-3.3.0/    zspt@DataNode2:/opt/modules/
```

6. 初始化 HDFS

在 NameNode 主机上初始化 HDFS，运行如下命令：

```
[zspt@NameNode Hadoop]$ hdfs namenode -format
```

运行结果如图 1-37 所示。

```
[zspt@NameNode hadoop]$ hdfs namenode -format
2024-02-12 11:11:54,846 INFO namenode.NameNode: STARTUP_MSG:
/************************************************************
STARTUP_MSG: Starting NameNode
STARTUP_MSG:   host = NameNode/192.168.1.165
STARTUP_MSG:   args = [-format]
STARTUP_MSG:   version = 3.3.0
STARTUP_MSG:   classpath = /opt/modules/hadoop-3.3.0/etc/hadoop:/opt/
```

图 1-37　HDFS 初始化

7. 启动 HDFS 并验证

在 NameNode 主机上，用 zspt 账户登录，运行以下命令启动 HDFS：

```
$ start-dfs.sh
$ start-yarn.sh
$ jps
```

运行结果如图 1-38 所示。

```
[zspt@NameNode modules]$ start-dfs.sh
Starting namenodes on [NameNode]
Starting datanodes
Starting secondary namenodes [NameNode]
[zspt@NameNode modules]$ start-yarn.sh
Starting resourcemanager
Starting nodemanagers
[zspt@NameNode modules]$ jps
8800 ResourceManager
8179 NameNode
8347 DataNode
8939 NodeManager
9293 Jps
8558 SecondaryNameNode
[zspt@NameNode modules]$
```

图 1-38　启动 HDFS 并查看相关进程

接下来，在 DataNode1 和 DataNode2 主机上分别运行如下命令，启动 DataNode 和 NodeManager 的相关进程：

[zspt@DataNode1 sbin]$ hdfs --daemon start datanode

[zspt@DataNode1 sbin]$ yarn --daemon start nodemanager

[zspt@DataNode2 sbin]$ hdfs --daemon start datanode

[zspt@DataNode2 sbin]$ yarn --daemon start nodemanager

然后查看 DataNode1 或 DataNode2 的相关进程，运行结果如图 1-39 所示。

```
[zspt@DataNode1 ~]$ jps
13089 Jps
12612 NodeManager
11929 DataNode
[zspt@DataNode1 ~]$
```

图 1-39　DataNode1 主机相关进程

再在 NameNode 主机上运行如下命令：

[zspt@NameNode /]$ hdfs dfs -mkdir -p /user/mynewdirs

[zspt@NameNode /]$ hdfs dfs -ls /

[zspt@NameNode /]$ hdfs dfs -ls /user/

上述命令先在集群上新建一个/user/mynewdirs 的目录，然后查看所建目录的状态，命令运行结果如图 1-40 所示。

```
[zspt@NameNode /]$ hdfs dfs -mkdir -p /user/mynewdirs
[zspt@NameNode /]$ hdfs dfs -ls /
Found 1 items
drwxr-xr-x   - zspt supergroup          0 2024-02-12 15:08 /user
[zspt@NameNode /]$ hdfs dfs -ls /user/
Found 1 items
drwxr-xr-x   - zspt supergroup          0 2024-02-12 15:08 /user/mynewdirs
[zspt@NameNode /]$
```

图 1-40　集群测试(新建目录)

我们也可以用 Web 页面的形式查看在集群上新建的目录。任选一台主机(如 DataNode2)，在该主机自带的 Firefox 浏览器中输入 URL 地址 http://namenode:9870，选择导航栏右侧的"Utilities→Browse the file system"，如图 1-41 所示。

图 1-41　浏览目录

mynewdirs 文件显示结果如图 1-42 所示，这表明基于 Hadoop 3.3.0 的完全分布式集群已经安装配置成功。

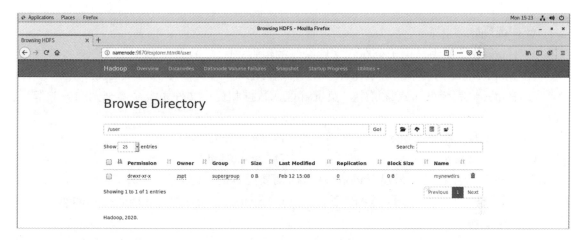

图 1.42　目录显示结果

任务 1.3　思政教育——阿里云 EMR 的自主创新之路

任务描述

本次思政教育的目标是通过 Hadoop 集群搭建实践，培养严谨的系统思维和开源共享理念，增强对核心技术自主可控战略的认识。

作为 Hadoop 国产化替代的标杆案例，阿里云 E-MapReduce(EMR)通过深度重构开源生态，展现了我国在大数据核心技术的突破性进展。相比原生 Hadoop 对海外技术栈的高度依赖，阿里云 EMR 基于 Apache 社区版本进行自主优化，实现了存储计算分离架构、多引擎兼容(如以自研 JindoFS 替代 HDFS)、智能弹性调度等创新。例如，在"东数西算"国家工程中，某省级政务大数据平台基于 EMR 重构数据底座，将跨区域数据协同效率提升 40%;

同时通过国产化密码算法保障数据安全，满足《中华人民共和国数据安全法》对政务数据的合规要求。

这一实践不仅打破了海外技术垄断，更诠释了"开源协作"与"自主可控"的辩证统一：EMR 团队积极参与 Apache 社区贡献(如提交 HDFS 纠删码优化代码)，同时针对我国企业高频数据压缩、万亿级小文件管理等独特需求，研发出非对称技术路线。例如，其自研的"CarbonData"列式存储格式相较开源 Parquet 性能提升 3 倍，已赋能中国邮政、南方电网等关键领域。这种"站在巨人肩膀上攀登"的创新模式正是"科技自立自强"精神的生动诠释，身为新时代的大学生，我们既要敬畏技术生态的共享价值，更需锤炼突破"卡脖子"难题的硬核能力。

课 后 习 题

一、选择题

1. Hadoop 框架中，用于分布式文件系统的组件是(　　)。
A. MapReduce　　　　B. YARN　　　　C. HDFS　　　　D. ZooKeeper

2. Hadoop 完全分布式集群中，负责管理元数据和提供文件系统命名空间服务的节点是(　　)。
A. Secondary NameNode　　　　　　B. DataNode
C. NodeManager　　　　　　　　　D. NameNode

3. 下列哪一项不是在搭建 Hadoop 环境时需要配置的关键服务。(　　)
A. HDFS　　　　　B. YARN　　　　C. Spark　　　　D. ResourceManager

二、填空题

1. Hadoop 的核心组件之一——Hadoop Distributed File System (HDFS) 采用_____来存储大数据集，并通过冗余保证数据可靠性。

2. 在 Hadoop 集群中，为了实现 MapReduce 作业的执行，YARN 中的____负责整个集群资源的管理和调度。

3. 配置 Hadoop 时，通常会在 mapred-site.xml 或 yarn-site.xml 中指定 MapReduce 作业提交到的默认计算框架，该参数为_____，值可设置为"local""classic"或"yarn"等。

三、简答题：

1. 简述搭建 Hadoop 完全分布式集群的基本步骤。

2. 请解释 Hadoop 伪分布式模式和完全分布式模式的区别。

项目 2　HDFS 文件操作

项目导读

本项目通过剖析 HDFS 的架构设计、Shell 命令行操作及 HDFS Java API 编程实践，帮助学生掌握 HDFS 核心技术及二次开发能力。本项目内容衔接集群搭建的基础，为后续 MapReduce 等生态组件的数据存储需求提供技术支撑。

学习目标

❖ 操作能力：熟练使用 HDFS Shell 命令完成文件上传、下载、权限管理等操作，并能通过 Web 界面监控集群运行状态。

❖ 编程实践：运用 Java API 实现 HDFS 文件的创建、删除、读取及修改操作，理解流式数据读写机制与异常处理逻辑。

❖ 问题排查：通过日志分析和权限配置等实践，培养分布式存储系统的故障诊断与处理能力。

思政教育

HDFS 作为企业级数据存储的核心组件，在 Shell 与 API 操作实践中，强调代码规范性，融入"数字中国"战略背景，以 HDFS 在政务大数据(如人口基础数据库)中的应用为例，引导学生深入思考技术的社会价值。

任务 2.1　探索 HDFS 技术原理

任务描述

本任务聚焦于探索 Hadoop 分布式文件系统(HDFS)的技术原理，通过剖析 HDFS 的主从架构设计(NameNode/DataNode)、数据分块存储机制和副本策略，深入理解其高可靠与高可用的设计思想，同时掌握 HDFS Shell、HDFS Web UI 和文件系统应用操作。

HDFS 是指 Apache Hadoop 分布式文件系统。其设计目的是实现大规模、高容错性和高吞吐量的数据存储和访问。HDFS 的设计灵感来源于 2003 年 Google 上发布的 GFS(Google File System)论文,该论文详细阐述了 Google 内部用于处理大规模数据的分布式文件系统设计原理和实现细节。Doug Cutting 等人基于 GFS 的理念, 在 2006 年前后创建了 Apache Hadoop 项目, 其中包含两个核心组件: HDFS 和 MapReduce。初始版本的 HDFS 实现了基本的分布式存储功能, 如大文件分割成块、数据冗余复制, 以及支持流式读取等特性。

在 Hadoop 0.x 和 1.x 系列中, HDFS 不断优化和完善, 逐渐被企业和研究机构采用, 以解决大数据存储和分析问题。此阶段, HDFS 的主要特点是单点 NameNode 架构, 负责管理元数据, 但存在单点故障风险。DataNodes 负责存储实际的数据块。随着用户需求的增长和技术迭代, HDFS 开始引入高可用性(HA), 通过增加一个备用的 Active NameNode, 实现了主备切换, 降低了单点故障的风险。Hadoop 2.x 及之后的版本中引入了 YARN, 将资源管理和作业调度从 MapReduce 框架中解耦出来, 使 HDFS 可以更好地支持多种计算框架。

目前, HDFS 作为 Apache Hadoop 的核心组件之一, 仍在不断更新和发展以适应新的硬件环境、云计算场景以及数据处理需求的变化, 保持在大数据领域的重要地位。随着社区的努力, HDFS 在容错机制、存储策略、运维便捷性等方面也在不断优化和进步。

2.1.1　HDFS 架构分析

HDFS 是采用 Java 语言构建的系统,任何支持 Java 的计算机都可以运行 HDFS。HDFS 集群的总体架构如图 2-1 所示。

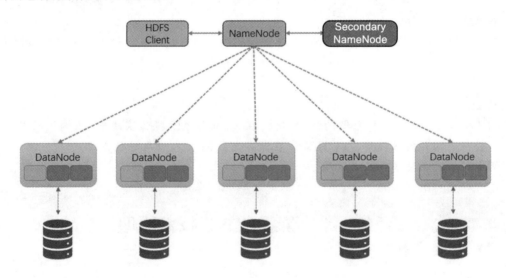

图 2-1　HDFS 集群的总体架构

1. 架构重要组成节点

(1) HDFS Client。

HDFS Client 是 HDFS 与用户交互的第一层,用于处理和提供文件系统或者存储集群的 I/O 请求。HDFS Client 可以是运行在 Hadoop 框架上面的应用程序(如 MapReduce 作业), 也可以使用命令行操作 HDFS 文件系统。

(2) NameNode。

NameNode 是 HDFS 的主控节点，是整个分布式文件系统的管理核心。它存储了关于每个文件和目录的元数据信息，包括文件名、文件属性、文件块的位置信息等。此外，NameNode 还负责处理客户端读/写请求，并将数据块分配给相应的 DataNode。

(3) Secondary NameNode。

Secondary NameNode 不是 NameNode 的替代品，在备份 NameNode 的文件系统状态信息方面起着辅助作用。它定期从 NameNode 获取最新的文件元数据信息并将其合并到 fsimage(文件系统镜像)中，同时结合 edits(编辑日志)生成新的 fsimage，在某些情况下减轻 NameNode 的压力。

(4) DataNode。

DataNode 是存储 HDFS 中实际数据块的节点，负责接收客户端读/写请求来读取或者写入数据，并向其他 DataNode 传输数据块进行备份和复制，以保证数据副本在分布式集群中的存储以及高可用性。

2．HDFS 架构特点

(1) 主从式架构。

HDFS 采用主从式架构(NameNode/DataNode)，主节点为 NameNode，从节点是 DataNode。NameNode 负责管理 HDFS 的元数据(如文件系统命名空间、文件属性和文件块位置等)，将元数据存储在内存中，并响应客户端读/写请求；DataNode 作为数据存储节点，保存文件块及元数据。二者通过心跳机制保持联系，确保系统的稳定性和高效性，共同支撑 HDFS 的正常运行。

(2) 分块存储机制。

HDFS 的数据分块存储机制是其重要特性。在 HDFS 中，文件在物理上被分块存储，块的大小可配置。目前，Hadoop 2.x 及 Hadoop 版本 3.x 默认块的大小为 128 MB。块不能太小，否则会增加寻址时间；也不能太大，不然传输数据时间过长。最佳传输损耗理论表明，寻址时间占总传输时间的 1%时传输损耗最小。实际应用中应结合硬件磁盘写速率和寻址时间确定块的大小，且块大小须为 2 的 n 次方(便于校验和管理)。

(3) 多副本策略。

HDFS 的多副本策略是确保数据可靠性和性能的关键。通过合理设置副本数(默认为 3 个)并采用机架感知的放置策略(即第一个副本在客户端节点，第二个副本在相同机架的不同节点，第三个副本在不同机架的节点)，可提高数据读取效率和容错性。多副本策略平衡了存储成本、数据可靠性和网络带宽利用率，是 HDFS 高效稳定运行的重要保障。

2.1.2　HDFS Shell 操作应用

在计算机科学中，Shell 被通俗地称为"壳"，它是一个用户界面，位于操作系统内核与用户之间。作为命令行解释器，Shell 接收用户的输入(命令行指令)并解析这些指令，并调用相应的系统程序或服务来执行这些指令。此外，Shell 还可以编写脚本，支持复杂的控制结构和变量操作，从而实现自动化处理任务。

在 Hadoop 3.0 及以后的版本中，Hadoop dfs 命令已被标记为废弃，官方统一推荐使用 hdfs dfs 命令来操作 HDFS 文件系统。因此，在 Hadoop 3.3.0 环境中，应优先使用 hdfs dfs 命令集。

HDFS Shell 命令有很多，常见的 HDFS Shell 命令及功能如表 2-1 所示。

表 2-1 常见的 HDFS Shell 命令及功能

序号	命　　令	功　　能
1	hdfs dfs -ls\<path\>	显示\<path\>指定的文件或目录的详细信息
2	hdfs dfs -ls -R \<path\>	以递归方式显示目录结构
3	hdfs dfs -cat \<path\>	指定文件的内容输出到标准输出
4	hdfs dfs -mkdir [-p] \<paths\>	创建\<paths\>指定的一个或多个目录，-p 选项用于递归创建子目录
5	hdfs dfs -cp\<src\>\<dst\>	将文件从源路径\<src\>复制到目标路径\<dst\>
6	hdfs dfs -put \<localsrc\> \<dst\>	从本地文件系统中复制\<localsrc\>指定的单个或多个源文件到\<dst\>指定的目标文件系统中
7	hdfs dfs moveFromLocal \<localsrc\> \<dst\>	与 put 命令功能相同，但是文件上传结束后会从本地文件系统中删除\<localsrc\>指定的文件
8	hdfs dfs -mv \<src\> \<dst\>	将文件或目录从源路径\<src\>移动到目标路径\<dst\>
9	hdfs dfs -rm \<path\>	删除\<path\>指定的文件或空目录
10	hdfs dfs -rm -r \<path\>	删除\<path\>指定的文件或目录(非空目录)，-r 选项表示递归删除子目录

下面我们设计一个 Hadoop Shell 命令的实验，并用 Hadoop Shell 命令来完成相关要求。

(1) 在当前目录新建一个文件 test.txt，写入内容"Hadoop HDFS 2024-2-12"：

```
[zspt@NameNode ~]$ touch test.txt
[zspt@NameNode ~]$ echo "Hadoop HDFS 2024-2-12" >> test.txt
```

(2) 在 HDFS 上新建二级目录 /input/myfiles/：

```
[zspt@NameNode ~]$ hdfs dfs -mkdir -p /input/myfiles/
```

(3) 将本地文件 test.txt 上传到 HDFS 的 /input/myfiles/ 目录下：

```
[zspt@NameNode ~]$ hdfs dfs -put test.txt /input/myfiles/
```

(4) 显示 HDFS 的 /input/ 目录下的内容：

```
[zspt@NameNode ~]$ hdfs dfs -ls -r /input/
```

(5) 显示 HDFS 的 /input/myfiles/ 目录下的 test.txt 内容：

```
[zspt@NameNode ~]$ hdfs dfs -cat /input/myfiles/test.txt
```

(6) 删除 HDFS 的 /input/ 目录：

```
[zspt@NameNode ~]$ hdfs dfs -rm -r /input/
```

(7) 显示 HDFS 根目录下的目录和文件：

[zspt@NameNode ~]$ hdfs dfs -ls /

Hadoop Shell 命令的完成过程如图 2-2 所示。

```
[zspt@NameNode ~]$ touch test.txt
[zspt@NameNode ~]$ echo "Hadoop HDFS 2024-2-12" >> test.txt
[zspt@NameNode ~]$ hdfs dfs -mkdir -p /input/myfiles/
[zspt@NameNode ~]$ hdfs dfs -put test.txt /input/myfiles/
[zspt@NameNode ~]$ hdfs dfs -ls -r /input/
Found 1 items
drwxr-xr-x   - zspt supergroup          0 2024-02-12 22:59 /input/myfiles
[zspt@NameNode ~]$ hdfs dfs -cat /input/myfiles/test.txt
Hadoop HDFS 2024-2-12
[zspt@NameNode ~]$ hdfs dfs -rm -r /input/
Deleted /input
[zspt@NameNode ~]$ hdfs dfs -ls /
Found 1 items
drwxr-xr-x   - zspt supergroup          0 2024-02-12 15:08 /user
[zspt@NameNode ~]$ █
```

图 2-2　HDFS Shell 命令完成过程

2.1.3　HDFS Web 管理实践

根据 1.2.3 小节中 NameNode 主机的 IP 地址规划，HDFS Web 管理 URL 为 192.168.1.165：9870，其中 192.168.1.165 是 NameNode 主机的 IP 地址。

1. HDFS Web 管理页面

Apache Hadoop 的 HDFS 提供了基于 Web 的管理界面，允许用户通过图形界面管理文件系统。在 IE 地址栏输入地址 http://192.168.1.165:9870 或 http://NameNode:9870，显示 HDFS Web UI 管理页面初始界面，如图 2-3 所示。

图 2-3　HDFS Web UI 管理页面初始界面

菜单栏中，各选项含义如下(根据项目需求选择相应选项)：

(1) Overview：集群概述。

(2) DataNode：数据节点。

(3) DataNode Volume Failures：数据节点卷故障。

(4) Snapshot：快照。

(5) Startup-Progress：启动进度。

(6) Utilities：工具。

2. 数据节点信息

选择"HDFS Web UI→DataNodes"菜单，显示的具体信息如图 2-4 所示。

(a)

(b)

图 2-4　数据节点信息

从图 2-4 中可以看到：整个 Hadoop 集群总共有 3 个节点，分别是 NameNode，DataNode1 和 DataNode2，每个节点的容量是 17.7 GB。

"DataNodes"显示页面中主要选项的含义如下：

(1) Datanode usage histogram：数据节点使用率柱状图。

(2) Disk usage of each DataNode (%)：每个数据节点的磁盘使用率(%)。

(3) In operation：运行中的节点。

3. 启动进度信息

选择 HDFS Web UI 界面中的"Startup Progress"菜单，显示的启动进度信息如图 2-5 所示。

图 2-5　HDFS Web 启动进度信息

从图 2-5 中可以看到启动过程的各个阶段，如"Loading fsimage""Loading edits"
"Saving checkpoint""Safe mode"，每个阶段均显示 100%完成状态。

"Startup Progress"启动进度信息项各个阶段的具体含义如下：

(1) Loading fsimage：加载 fsimage。

(2) Loading edits：加载 edits。

(3) Saving checkpoint：保存检测点。

(4) Safe mode：安全模式。

4．工具/应用程序

选择 HDFS Web UI 界面中的"Utilities"菜单，显示集群的应用信息如图 2-6 所示。

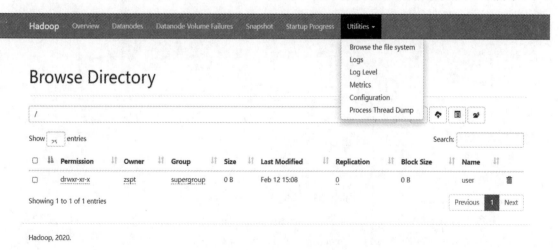

图 2-6　HDFS Web 应用程序信息

从图 2-6 中可以看到 HDFS 的根目录下已经新建了一个文件夹 user。Utilities 是非常有用的功能，后面的实验和测试都会用到。

Utilities 选项下二级子菜单各选项含义如下：

(1) Browse the file system：浏览文件系统。

(2) Logs：日志。

(3) Log Level：日志级别。

(4) Metrics：指标。

(5) Configuration：配置。

(6) Process Thread Dump：进程线程转储。

2.1.4　文件系统应用

Browse the File System(浏览文件系统)是一个比较实用的工具，下面结合 HDFS Shell 命令设计一个实验，便于对其理解和掌握。

步骤 1：在 CentOS 7 的 Hadoop HDFS 上新建一个二级目录 /Input/Zspt/：

```
[zspt@NameNode ~]$ hdfs dfs -mkdir -p /Input/Zspt/
```

步骤 2：在本地新建一个文本文件 newtest.txt，写入内容"Hello, HDFS"：

```
[zspt@NameNode ~]$ touch newtest.txt
[zspt@NameNode ~]$ echo "Hello,HDFS" >> newtest.txt
```

步骤 3：将 newtest.txt 上传至 /Input/Zspt/：

```
[zspt@NameNode ~]$ hdfs dfs -put newtest.txt /Input/Zspt
```

步骤 4：通过 HDFS Web UI 的"Utilites→Browse the file system"，查看上传的文件，如图 2-7 所示。

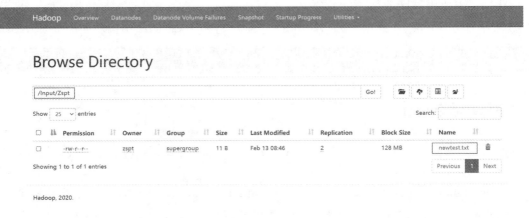

图 2-7　查看上传的文件

步骤 5：下载 newtest.txt 到本地 ~/Downloads/ 目录下，并打印出文件内容到控制台：

```
[zspt@NameNode ~]$ hdfs dfs -get /Input/Zspt/newtest.txt ~/Downloads/
[zspt@NameNode ~]$ cat ~/Downloads/newtest.txt
```

全部程序运行结果如图 2-8 所示。

```
[zspt@NameNode ~]$ hdfs dfs -mkdir -p /Input/Zspt/
[zspt@NameNode ~]$ touch newtest.txt
[zspt@NameNode ~]$ echo "Hello,HDFS" >> newtest.txt
[zspt@NameNode ~]$ hdfs dfs -put newtest.txt /Input/Zspt/
[zspt@NameNode ~]$ ll
total 4
drwxr-xr-x. 2 zspt zspt 63 Feb 12 09:30 Desktop
drwxr-xr-x. 2 zspt zspt  6 Feb 12 09:29 Documents
drwxr-xr-x. 2 zspt zspt  6 Feb 13 10:21 Downloads
drwxr-xr-x. 2 zspt zspt  6 Feb 12 09:29 Music
-rw-rw-r--. 1 zspt zspt 11 Feb 13 10:22 newtest.txt
drwxr-xr-x. 2 zspt zspt  6 Feb 12 09:29 Pictures
drwxr-xr-x. 2 zspt zspt  6 Feb 12 09:29 Public
drwxr-xr-x. 2 zspt zspt  6 Feb 12 09:29 Templates
drwxr-xr-x. 2 zspt zspt  6 Feb 12 09:29 Videos
[zspt@NameNode ~]$ hdfs dfs -get /Input/Zspt/newtest.txt ~/Downloads/
[zspt@NameNode ~]$ cat ~/Downloads/newtest.txt
Hello,HDFS
[zspt@NameNode ~]$ 
```

图 2-8　运行过程

任务 2.2　HDFS Java API 编程实践

任务描述：

本任务聚焦于 HDFS 的 Java 编程接口开发实践，并从环境配置到核心功能实现进行系统讲解。通过 FileSystem API 的实战演练，包括文件读写、目录创建与删除等关键操作，使学生掌握 HDFS 程序化管理的技能。

通过 HDFS Java API 可远程对 HDFS 文件系统内的文件进行读取、创建和删除等多种操作。本任务采用 Eclipse IDE for Java Developers - 2022-03 作为编程平台，借助 HDFS Java API 实现与 HDFS 文件系统的交互操作。

2.2.1　新建 Java 项目

1. 新建 Java Application 项目

启动 Eclipse IDE 2022，选择"File→new→Java Project"创建项目，如图 2-9 所示。

接下来，设置项目名称为"ReadFileContend"，选择 JRE 为"JavaSE-1.8"，如图 2-10 所示。点击"next"，接下来选择"finish"，完成 Java Application 项目的创建。

选中新建的项目，点击鼠标右键，选择"new→class"，新建主类 FileSystemCat，如图 2-11 所示。

接下来，确定类的名称，如图 2-12 所示。

点击"Finish"，至此，Java Application 项目框架已经搭成，如图 2-13 所示。

图 2-9　新建 Java 项目

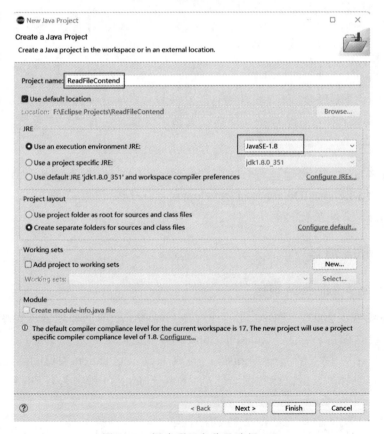

图 2-10　新建项目名称及选择 JRE

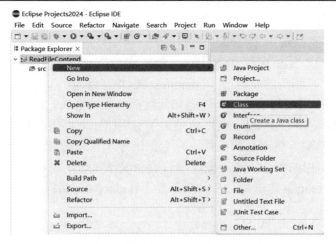

图 2-11　新建类

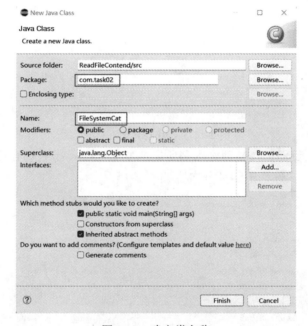

图 2-12　确定类名称

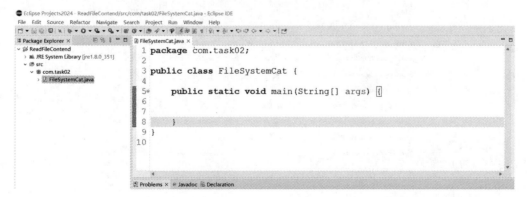

图 2-13　系统生成项目框架

2. 导入编程需要的 JAR 包

在 Eclipse 或其他 Java 开发环境中，项目的运行通常需要依赖各种 JAR 包才能完成。那么什么是 JAR 包呢？简单来说，JAR(Java ARchive)包是一种文件格式，它用于将多个 Java 类文件、资源文件以及相关的元数据(如 manifest 文件)打包成一个单独的压缩文件。简单来说，JAR 包是 Java 中用于封装文件、资源和元数据的归档格式，可作为库文件的载体。

因此，在 Eclipse 项目中导入 JAR 包是为了利用第三方提供的功能或服务，或者是引入项目所需的框架、API 等必要的组件。只有正确导入并配置了这些依赖项，编译器才能定位并解析代码中引用的类库，进而确保项目顺利编译和运行。

本书涉及的 Hadoop 集群相关 JAR 包通常位于 Hadoop 的安装目录 /opt/modules/Hadoop-3.3.0/share/Hadoop/share 下，如图 2-14 所示。

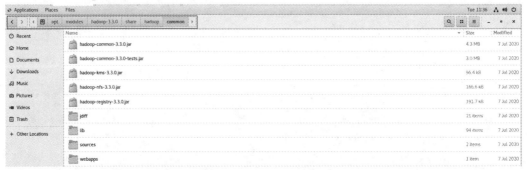

图 2-14　常用 JAR 所在目录

为了编程方便，我们已经整理好本书所需的所有 JAR，把它们存放到一个专门的文件夹 jar package 中，该文件夹中的部分内容如图 2-15 所示。

名称	修改日期	类型	大小
activation-1.1.jar	2024/1/3 18:36	Executable Jar File	62 KB
aopalliance-1.0.jar	2024/1/3 18:36	Executable Jar File	5 KB
apacheds-i18n-2.0.0-M15.jar	2024/1/3 18:36	Executable Jar File	44 KB
apacheds-kerberos-codec-2.0.0-M1...	2024/1/3 18:36	Executable Jar File	676 KB
api-asn1-api-1.0.0-M20.jar	2024/1/3 18:36	Executable Jar File	17 KB
api-util-1.0.0-M20.jar	2024/1/3 18:36	Executable Jar File	79 KB
asm-3.2.jar	2024/1/3 18:36	Executable Jar File	43 KB
avro-1.7.4.jar	2024/1/3 18:36	Executable Jar File	297 KB
aws-java-sdk-core-1.10.6.jar	2024/1/3 18:36	Executable Jar File	504 KB
aws-java-sdk-kms-1.10.6.jar	2024/1/3 18:36	Executable Jar File	253 KB
aws-java-sdk-s3-1.10.6.jar	2024/1/3 18:36	Executable Jar File	557 KB
azure-data-lake-store-sdk-2.2.3.jar	2024/1/3 18:36	Executable Jar File	87 KB
azure-storage-2.2.0.jar	2024/1/3 18:36	Executable Jar File	652 KB
commons-beanutils-1.7.0.jar	2024/1/3 18:36	Executable Jar File	185 KB
commons-beanutils-core-1.8.0.jar	2024/1/3 18:36	Executable Jar File	202 KB
commons-cli-1.2.jar	2024/1/3 18:36	Executable Jar File	41 KB
commons-codec-1.4.jar	2024/1/3 18:36	Executable Jar File	57 KB
commons-collections-3.2.2.jar	2024/1/3 18:36	Executable Jar File	575 KB
commons-compress-1.4.1.jar	2024/1/3 18:36	Executable Jar File	236 KB

图 2-15　JAR 包集合

接下来，选中项目名称 ReadFileContend，选择"Build Path→Configure Build Path..."，如图 2-16 所示。

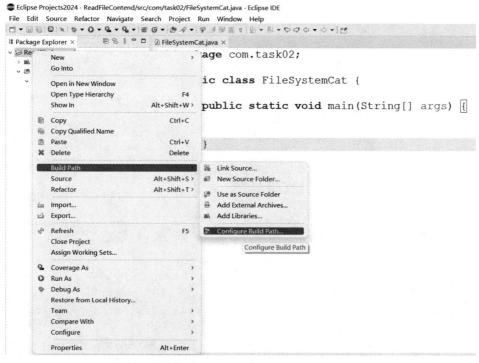

图 2-16　Configure Build Path

在弹出的界面中选择"Add External JARS"，如图 2-17 所示。

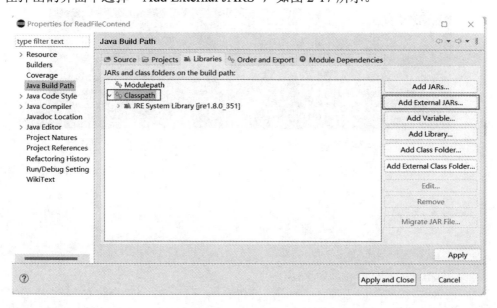

图 2-17　Add External JARS

然后把已经准备好的 Jar Package 文件夹中的所有 JAR 包导入，并选中"Apply and Close"完成配置，结果如图 2-18 所示。

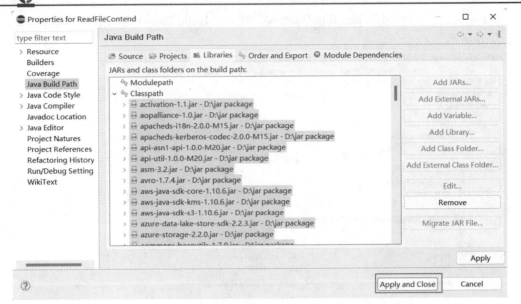

图 2-18   导入准备好的 JAR 包

完成上述准备工作后，就可以开始编程了。

2.2.2   读取数据

首先在 CentOS 7 虚拟主机上用终端创建一个 file.txt 文件，然后向该文件中写入字符串"Happy new year"，随后将该文件上传至 Hadoop 3.0 完全分布式集群的 HDFS 根目录，实现的过程如图 2-19 所示。

```
[zspt@NameNode ~]$ touch file.txt
[zspt@NameNode ~]$ echo "Happy new year" >> file.txt
[zspt@NameNode ~]$ hdfs dfs -put file.txt /
[zspt@NameNode ~]$ hdfs dfs -ls /
Found 3 items
drwxr-xr-x   - zspt supergroup          0 2024-02-13 10:22 /Input
-rw-r--r--   2 zspt supergroup         15 2024-02-13 10:40 /file.txt
drwxr-xr-x   - zspt supergroup          0 2024-02-12 15:08 /user
[zspt@NameNode ~]$ hdfs dfs -cat /file.txt
Happy new year
```

图 2-19   创建 file.txt 文件并上传到 Hadoop 集群根目录

接着，在 Eclipse 的 ReadFileContend 项目中新建类 DisplayFileContend.java，具体代码如下：

```java
package com.task02;
import org.apache.Hadoop.fs.FileSystem;
import org.apache.Hadoop.fs.Path;
import org.apache.Hadoop.io.IOUtils;
public class DisplayFileContent {
    public static void main(String[] args) throws Exception {
        // 创建 Hadoop 配置对象，并设置 NameNode 地址和端口
        Configuration conf = new Configuration();
```

```
        conf.set("fs.default.name", "hdfs://192.168.1.165:9000");
        // 根据配置创建 FileSystem 实例，用于与 HDFS 集群进行通信
        FileSystem fs = FileSystem.get(conf);
        // 打开 HDFS 上的指定文件并获取输入流
        InputStream in = fs.open(new Path("hdfs:/file.txt"));
        // 使用 IOUtils.copyBytes 方法将文件内容复制到标准输出(控制台)，缓冲区大小为
           4096 字节
        IOUtils.copyBytes(in, System.out, 4096, false); // false 表示不关闭目标流(这里是
                                                            System.out)
        // 关闭打开的输入流以释放资源
        IOUtils.closeStream(in);
    }
}
```

分析以上代码，其中：

(1) conf.set("fs.default.name", "hdfs://192.168.1.165:9000");执行此代码后，基于当前 conf 对象的 HDFS 操作会连接到 NameNodey 主机(IP 地址：192.168.1.165)的 HDFS NameNode 服务，并与其进行交互。

(2) InputStream in = fs.open(new Path("hdfs:/file.txt"));这段代码的作用是通过已经初始化好的 FileSystem 对象，打开 HDFS 分布式文件系统上的 file.txt 文件，并获取其输入流，以便后续对文件内容进行读取或处理。

程序运行结果如图 2-20 所示。

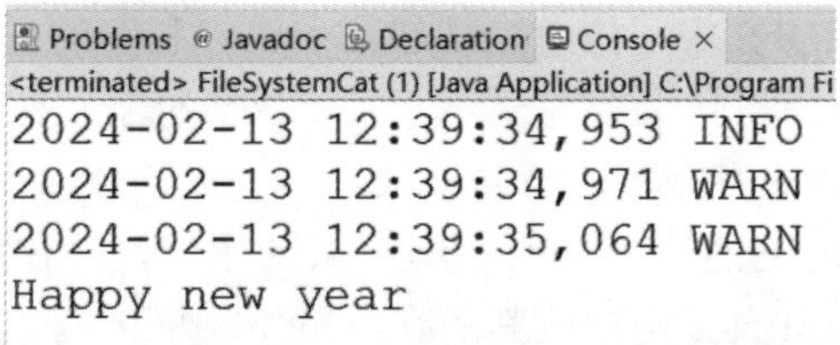

```
Problems  @ Javadoc  Declaration  Console ×
<terminated> FileSystemCat (1) [Java Application] C:\Program Fi
2024-02-13 12:39:34,953 INFO
2024-02-13 12:39:34,971 WARN
2024-02-13 12:39:35,064 WARN
Happy new year
```

图 2-20　成功读取 HDFS 根目录上 file.txt 文件的内容

> 小提示：上述代码的功能类似 $ hdfs dfs -cat /file.txt。

2.2.3　创建文件夹

在 Eclipse 的 ReadFileContend 项目中新建类 HDFSCreateDirectory.java，用于在 HDFS 集群的根目录下创建文件夹 /mydir，具体代码如下：

```
import org.apache.Hadoop.conf.Configuration;
import org.apache.Hadoop.fs.FileSystem;
import org.apache.Hadoop.fs.Path;
public class HDFSCreateDirectory {
    public static void main(String[] args) throws Exception {
        // 创建 Configuration 对象，并设置 NameNode 地址
```

```
Configuration conf = new Configuration();
conf.set("fs.defaultFS", "hdfs://192.168.1.165:9000");
// 根据 Configuration 创建 FileSystem 对象
FileSystem fs = FileSystem.get(conf);
// 定义要在 HDFS 上创建的目录路径
Path dirPath = new Path("/mydir");
// 调用 mkdirs()方法创建目录，该方法会递归创建不存在的父目录
boolean isCreated = fs.mkdirs(dirPath);
if (isCreated) {
    System.out.println("Directory created successfully at path: " + dirPath);
} else {
    System.out.println("Failed to create directory at path: " + dirPath);
}
// 关闭文件系统连接
fs.close();
        }
    }
```

在物理主机 Windows 11 上用 Eclipse 运行该程序时，控制台出现了如下错误提示：
"Exception in thread "main" org.apache.Hadoop.security.AccessControlException: Permission
denied: user=Administrator, access=WRITE, inode="/":zspt:supergroup:drwxr-xr-x"。

出现该错误的原因是当前用户(Administrator)没有足够的权限对指定路径(根目录/)执行写入操作。在 Hadoop HDFS 中，访问控制是基于用户和组的。根据错误信息，该用户属于 supergroup 组，但没有对根目录的写权限。在默认情况下，HDFS 的根目录只有超级用户(如 hdfs)或特定组的成员才有完整的访问权限。

解决此问题的办法是通过拥有 HDFS 超级权限的用户，利用 HDFS 命令行工具(如 hdfs dfs 或 Hadoop fs)给 Administrator 用户或其所在组赋予相应的写入权限，执行命令如下：

```
[zspt@NameNode ~]$ hdfs dfs -chmod -R 775 /
[zspt@NameNode ~]$ hdfs dfs -chown -R Administrator:supergroup /
```

上述命令是通过具有超级权限的 zspt 用户对 HDFS 根目录完全开放读(r)、写(w)和执行(x)权限(第 1 行命令)；将整个 HDFS 文件系统的根目录以及其下所有的文件和子目录的所有者更改为 Administrator，并将它们的所属组更改为 supergroup(第 2 行命令)。

进行上述操作后，程序得到正确运行，运行结果如图 2-21 所示。

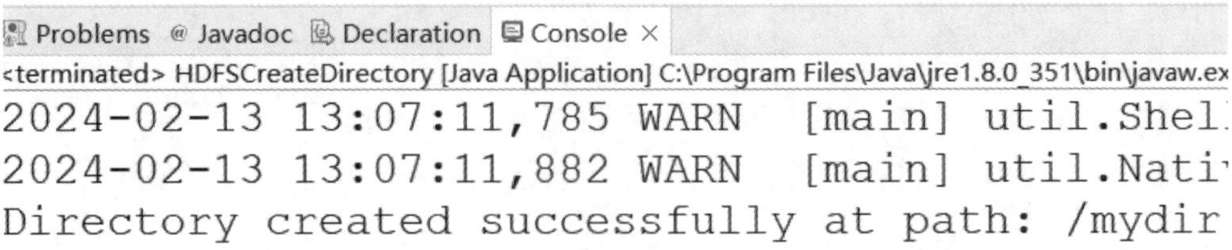

图 2-21　成功在 HDFS 集群上创建文件夹/mydir

另外，也可以通过 HDFS Web 管理页面来查看相关结果，如图 2-22 所示。

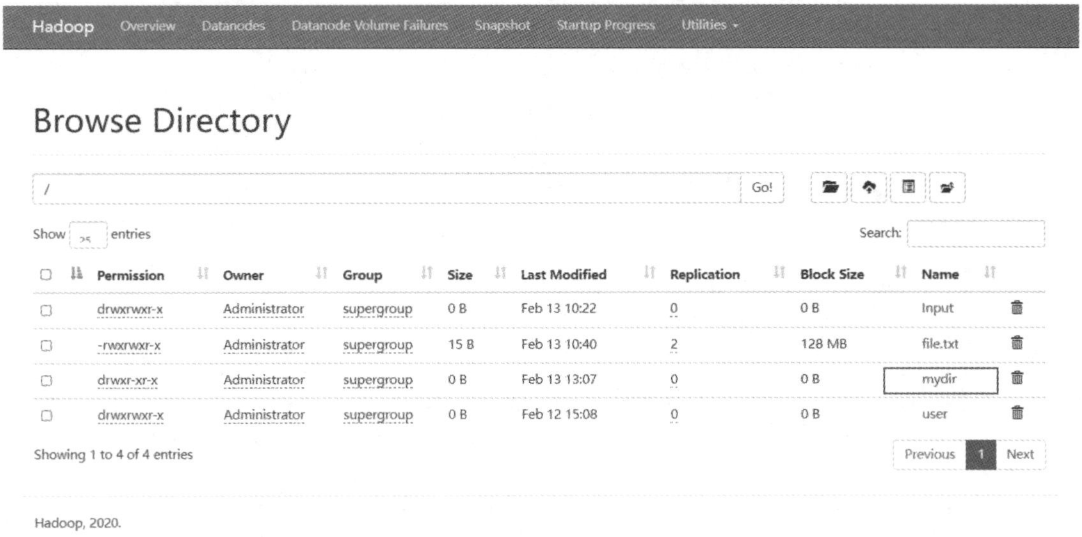

Hadoop　Overview　Datanodes　Datanode Volume Failures　Snapshot　Startup Progress　Utilities ▾

Browse Directory

| / | | | | | | | | Go! |

Show [25] entries　　　　　　　　　　　　　　　　　　　　　　　　Search:

☐	Permission	Owner	Group	Size	Last Modified	Replication	Block Size	Name	
☐	drwxrwxr-x	Administrator	supergroup	0 B	Feb 13 10:22	0	0 B	Input	🗑
☐	-rwxrwxr-x	Administrator	supergroup	15 B	Feb 13 10:40	2	128 MB	file.txt	🗑
☐	drwxr-xr-x	Administrator	supergroup	0 B	Feb 13 13:07	0	0 B	mydir	🗑
☐	drwxrwxr-x	Administrator	supergroup	0 B	Feb 12 15:08	0	0 B	user	🗑

Showing 1 to 4 of 4 entries　　　　　　　　　　　　　　　　　　Previous　1　Next

Hadoop, 2020.

图 2-22　HDFS Web 上查看新建的文件夹 /mydir

📖 **小提示**：上述代码的功能类似 $ hdfs dfs-mkdir-p /mydir。

2.2.4　创建文件

我们在 ReadFileContend 项目中新建 CreateFileInHDFS.java 类，实现在 Hadoop 3.0 完全分布式集群根目录下创建名为"mytestfile"的文件，在该文件中写入信息"Hadoop HDFS 3.3.0"，完整代码如下：

```java
import org.apache.Hadoop.conf.Configuration;
import org.apache.Hadoop.fs.FSDataOutputStream;
import java.nio.charset.StandardCharsets;
import org.apache.Hadoop.fs.FileSystem;
import org.apache.Hadoop.fs.Path;
public class CreateFileInHDFS {
    public static void main(String[] args) throws Exception {
        // 创建 Configuration 对象，并设置 NameNode 地址
        Configuration conf = new Configuration();
        conf.set("fs.defaultFS", "hdfs://192.168.1.165:9000");
        // 根据 Configuration 创建 FileSystem 对象
        FileSystem fs = FileSystem.get(conf);
        // 定义要在 HDFS 上创建的文件路径
        Path filePath = new Path("/mytestfile");
        // 使用 create()方法创建新文件，这里假设不写入任何内容(仅创建空文件)
        FSDataOutputStream out = fs.create(filePath);
        // 如果需要写入内容，可以使用 out.write(...)方法
```

```
    // 示例：向文件写入字符串"Hello, World!"
    byte[] data = "Hadoop HDFS 3.3.0".getBytes(StandardCharsets.UTF_8);
    out.write(data, 0, data.length);
    // 关闭输出流以确保数据被写入并释放资源
    out.close();
    System.out.println("File created successfully at path: " + filePath);
    }
}
```

程序运行结果如图 2-23 所示。

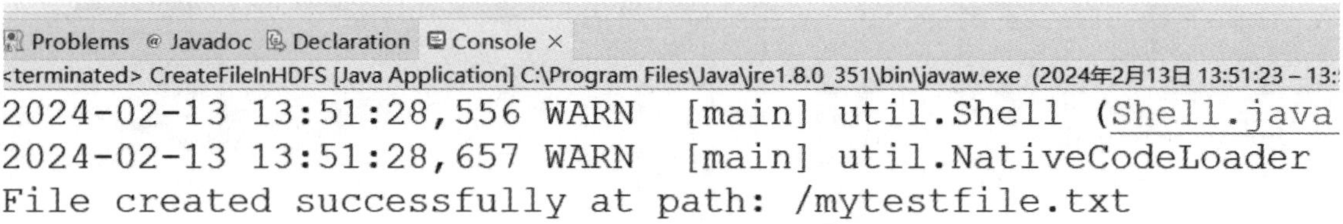

```
Problems  @ Javadoc  Declaration  Console ×
<terminated> CreateFileInHDFS [Java Application] C:\Program Files\Java\jre1.8.0_351\bin\javaw.exe (2024年2月13日 13:51:23 – 13:
2024-02-13 13:51:28,556 WARN   [main] util.Shell (Shell.java
2024-02-13 13:51:28,657 WARN   [main] util.NativeCodeLoader
File created successfully at path: /mytestfile.txt
```

图 2-23　HDFS 集群上新建文件成功

也可以通过 HDFS Web 查看新建结果，如图 2-24 所示。

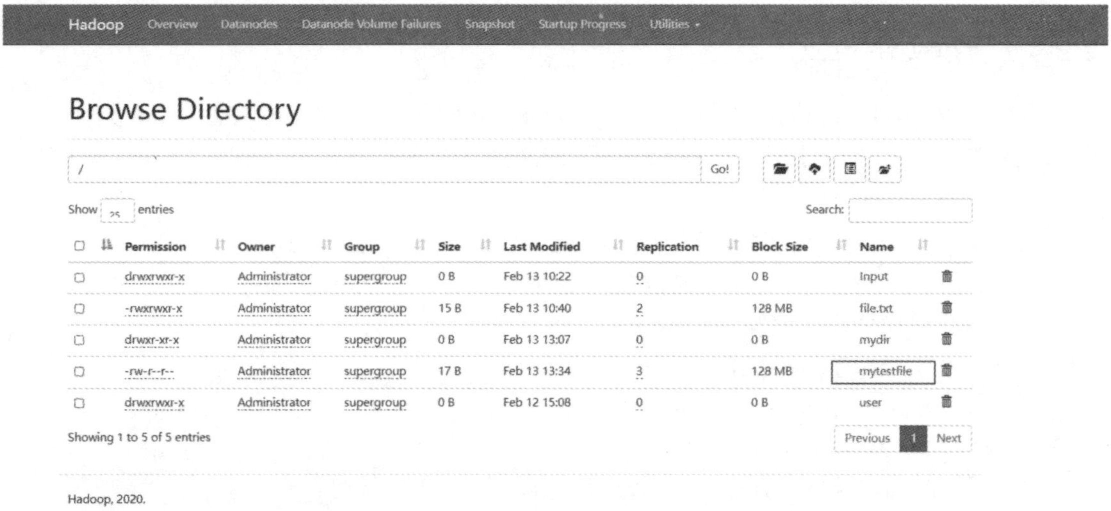

图 2-24　HDFS Web 上查看新建的 mytestfile 文件

用 "hdfs dfs -cat /mytestfile.txt" 命令查看文件内容，运行结果如图 2-25 所示。

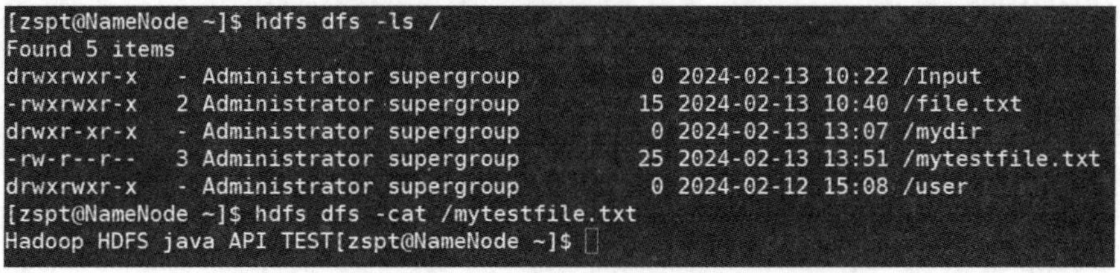

```
[zspt@NameNode ~]$ hdfs dfs -ls /
Found 5 items
drwxrwxr-x   - Administrator supergroup          0 2024-02-13 10:22 /Input
-rwxrwxr-x   2 Administrator supergroup         15 2024-02-13 10:40 /file.txt
drwxr-xr-x   - Administrator supergroup          0 2024-02-13 13:07 /mydir
-rw-r--r--   3 Administrator supergroup         25 2024-02-13 13:51 /mytestfile.txt
drwxrwxr-x   - Administrator supergroup          0 2024-02-12 15:08 /user
[zspt@NameNode ~]$ hdfs dfs -cat /mytestfile.txt
Hadoop HDFS java API TEST[zspt@NameNode ~]$ 
```

图 2-25　显示 mytestfile.txt 文件内容

> 📖 **小提示**：上述代码的功能类似 $ hdfs dfs -touchz /mytestfile.txt，只是用该命令没有
> 实际写入内容。

2.2.5　删除非空目录

我们在 ReadFileContend 项目中新建 DeleteDirectory.java 类，实现删除 Hadoop 3.0 完全
分布式集群上的非空目录 /Input/Zspt，完整代码如下：

```java
import org.apache.Hadoop.conf.Configuration;
import org.apache.Hadoop.fs.FileSystem;
import org.apache.Hadoop.fs.Path;
public class DeleteDirectory {
    public static void main(String[] args) throws Exception {
        // 创建 Hadoop 配置对象，并设置 NameNode 地址
        Configuration conf = new Configuration();
        conf.set("fs.defaultFS", "hdfs://192.168.1.165:9000");
        // 根据配置创建 FileSystem 对象
        FileSystem fs = FileSystem.get(conf);
        // 定义要删除的目录路径
        Path dirPath = new Path("/Input/Zspt");
        // 删除指定目录及其所有子文件和子目录(包括非空目录)
        boolean isDeleted = fs.delete(dirPath, true);
        if (isDeleted) {
            System.out.println("Directory and all its contents deleted successfully at path: " +
dirPath);
        } else {
            System.out.println("Failed to delete directory at path: " + dirPath);
        }
        // 关闭文件系统连接
        fs.close();
    }
}
```

程序运行结果如图 2-26 所示。

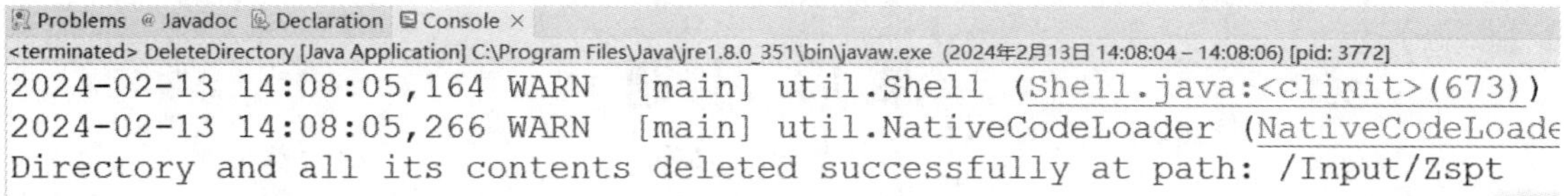

```
🔲 Problems  @ Javadoc  🔲 Declaration  🔲 Console  ×
<terminated> DeleteDirectory [Java Application] C:\Program Files\Java\jre1.8.0_351\bin\javaw.exe (2024年2月13日 14:08:04 – 14:08:06) [pid: 3772]
2024-02-13 14:08:05,164 WARN  [main] util.Shell (Shell.java:<clinit>(673))
2024-02-13 14:08:05,266 WARN  [main] util.NativeCodeLoader (NativeCodeLoade
Directory and all its contents deleted successfully at path: /Input/Zspt
```

图 2-26　HDFS 集群上删除非空目录成功

> 📖 **小提示**：上述代码的功能类似 $ hdfs dfs-rm-r /Input/Zspt。

任务 2.3   思政教育——HDFS 在 "数字中国" 战略中的政务大数据实践

任务描述

本次思政教育旨在通过 Shell 和 API 操作的教学实践强调代码规范性，并结合 "数字中国" 战略背景，以 HDFS 在政务大数据(如人口库存储)中的应用为例，引导思考技术价值与社会价值。

在 "数字中国" 战略背景下，Hadoop 技术正成为政务数字化转型的核心引擎。以省级人口信息库建设为例，传统集中式数据库面临存储容量不足(如亿级户籍数据)、查询效率低(如跨部门联查耗时数小时)等痛点。而基于 HDFS 的分布式存储方案，通过数据分块存储(如按行政区划划分数据块(Block)、多副本冗余机制(提供高可用性，容灾级别达99.99%)及并行计算框架，实现了户籍数据秒级检索、支撑跨部门数据共享(如公安与民政系统联动)。

这一技术革新背后是中国特色的数字化转型路径，特点如下：

(1) 自主可控：采用阿里云 EMR 等国产化 Hadoop 发行版，突破 Oracle 等国外数据库的垄断，确保政务数据主权。

(2) 惠民价值：某省通过基于 HDFS 架构存储的 2.3 亿人口数据，支撑 "一网通办" 服务，办事效率提升 70%，直接减少群众跑腿次数。

(3) 安全合规：结合《数据安全法》，在 HDFS 权限管理中实施 "三员管理" 机制(系统管理员、安全管理员、审计员)，防范数据泄露风险。

相较于部分西方国家 "技术先行、治理滞后" 的模式，我国以 Hadoop 为基石的政务大数据体系，既体现了 "集中力量办大事" 的制度优势(跨部门数据打通)，又通过技术规范(如《政务大数据平台建设指南》)实现 "效率与安全并重"，为全球数字治理贡献了中国方案。这一实践深刻印证了 "科技为民" 的思政内核，激励我们新时代的大学生将技术创新与国家战略需求紧密结合。

课 后 习 题

一、选择题

1. 在 HDFS 中，NameNode 的主要职责是(　　)。

A. 存储文件系统的元数据　　　　　　　B. 存储实际的数据块

C. 执行 MapReduce 任务　　　　　　　　 D. 管理 DataNode 的硬件资源

2. 下列命令用于在 HDFS 中查看目录下所有文件及其详细信息的是(　　)。

A. hdfs dfs -ls　　　　　　　　　　　　 B. hdfs dfs -mkdir

C. hdfs dfs -put　　　　　　　　　　　　 D. hdfs dfs -cat

3. HDFS 默认的副本数量是(　　)。

A. 1　　　　　　　　　　　　　　　　　 B. 2

C. 3　　　　　　　　　　　　　　　　　 D. 可以任意配置，但通常建议为奇数

4. 使用 Java API 操作 HDFS 时，代表了分布式文件系统且是所有文件系统操作的入口点的是(　　)。

A. org.apache.Hadoop.conf.Configuration

B. org.apache.Hadoop.fs.FileSystem

C. org.apache.Hadoop.hdfs.DistributedFileSystem

D. org.apache.Hadoop.fs.Path

5. 当客户端向 HDFS 上传文件时，首先会连接的组件是(　　)。

A. Secondary NameNode　　　　　　　　 B. DataNode

C. NameNode　　　　　　　　　　　　　 D. ResourceManager

二、填空题

1. HDFS 采用_____架构设计，其中 NameNode 负责存储文件系统的元数据，而 DataNode 负责存储实际的数据块。

2. 在 HDFS shell 命令中，使用_____命令可以将本地文件上传至 HDFS。

3. 通过 Java API 删除 HDFS 上的一个非空目录，应调用 FileSystem 对象的 delete()方法，并传入路径和第二个参数为 true，表示_____。

三、简答题：

1. 描述 HDFS 的整体架构，并解释各个组件的作用。

2. 请简述 HDFS 中 Block 的概念及其作用，并说明为何选择大文件块设计。

项目 3　MapReduce 编程开发

项目导读

本项目通过 "MapReduce 编程" 任务，深入剖析其 "分而治之" 的设计思想、Shuffle 阶段的工作机制及容错处理逻辑。从 Maven 项目构建到经典案例开发，结合 Hadoop 3.0 新特性进行全流程实践。本项目内容承接 HDFS 存储技术，为后续 Hive、Spark 等生态组件的底层计算奠定基础，同时培养分布式批处理的工程开发能力。

学习目标

❖ 原理掌握：理解 MapReduce "分而治之" 的计算范式，掌握 Shuffle 过程中的网络传输与排序优化机制。

❖ 开发能力：具备独立完成 Maven 环境配置，编写 Mapper/Reducer 类并将程序打包提交至集群运行的能力。

❖ 版本适配：熟悉 Hadoop 3.0 的 API 变更(如 MR 示例 JAR 包调用方式)。

思政教育

MapReduce 作为分布式计算的里程碑技术，结合学习实践培养职业规范和独立自主精神：

(1) 工程规范：强调代码健壮性(如资源释放处理)和日志追踪能力，以应对生产环境中的长时间任务排查需求。

(2) 独立自主精神：结合华为鲲鹏 MapReduce 优化案例，融入信创产业背景下的技术自主可控意识，强调关键技术必须掌握在自己手中。

任务 3.1　探索 MapReduce 技术原理

任务描述

本任务通过剖析 "分而治之" 的编程模型，详细讲解 Map 和 Reduce 阶段的执行流程、Shuffle 机制的数据传输与排序过程，以及任务失败重试、数据本地化等容错机制，形成对分布式批处理计算的系统性认知，为后续实战开发奠定理论基础。

MapReduce 是 Hadoop 系统的核心组件，演变自 Google 的 MapReduce 系统，它是一种分布式计算框架，用于处理大规模数据集。MapReduce 将大规模数据集分割成小块，分配给不同的计算节点进行并行处理，最后将结果合并为整体输出。使用 MapReduce 框架编写的应用程序能够以可靠且容错的方式在大型集群上并行处理海量数据，实现数据的加工、挖掘和优化处理。

3.1.1　理解 MapReduce 设计思想

MapReduce 的核心设计思想是"分而治之"(Divide and Conquer)。该框架从 HDFS 获取输入数据，将输入的一个大数据集分割成多个小数据集，然后并行计算这些小数据集，最后将每个小数据集的结果进行汇总，得到最终的计算结果，并将结果输出到 HDFS。MapReduce 设计旨在高效、便捷地处理海量数据集。

除了"分而治之"策略，MapReduce 还通过明确分工、任务并行化、抽象接口以及系统级的可靠性和可扩展性设计，有效解决大规模数据处理难题，为分布式计算提供简单易用的大数据处理工具。概括起来，MapReduce 的主要设计思想有以下几个方面。

1．分而治之(Divide and Conquer)

MapReduce 借鉴了经典的分治算法策略，将大数据集分割成许多小的数据块。这些数据块可以独立地在集群的不同节点上并行处理。这种设计赋予了系统水平扩展的能力，使其能够高效利用分布式环境中的大量计算资源。

2．任务并行化(Parallelization)

MapReduce 通过定义两个关键阶段——映射(Map)和归约(Reduce)，实现了任务的并行执行。Map 阶段的任务是对输入数据进行独立且可并行操作的处理；Reduce 阶段的任务则是对 Map 阶段产生的中间结果进行聚合或整合，这一过程同样可以并行完成。

3．抽象模型(Abstraction)

MapReduce 提供了一个高层的编程模型，隐藏了底层硬件设施、网络通信以及容错机制等复杂细节。开发者只需关注业务逻辑本身，即编写 map 函数来处理单个数据单元，以及编写 Reduce 函数来合并和总结结果。

4．数据本地化(Data Locality)

MapReduce 尽可能将计算任务调度到存储其所需数据的节点上运行(即"移动计算而非数据")，从而减少网络传输开销，提高整体效率。

5．容错性和可靠性(Fault Tolerance and Reliability)

MapReduce 框架确保了即使在集群节点出现故障时，也能保证计算的正确性和完整性。它通过记录任务进度状态、数据块冗余存储以及重新调度失败的任务等机制来实现高可靠性。

6．可扩展性(Scalability)

MapReduce 的设计基于数据分割和任务并行，其架构天然支持水平扩展。随着集群规模的增加，系统的整体处理能力能够(接近)线性地增长。

3.1.2 MapReduce 工作原理分析

MapReduce 本质上是一个分布式批处理计算框架，其核心思想是它会将一个任务分解成很多个小任务分发给各个计算节点执行，然后将各个小任务的处理结果合并。这里的任务分发就是 Map，结果合并就是 Reduce，其工作原理如图 3-1 所示。

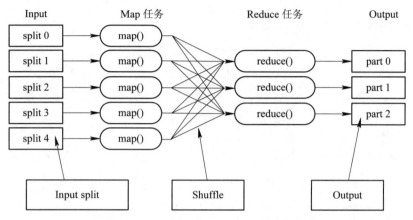

图 3-1　Hadoop MapReduce 工作原理图

在图 3-1 中，我们可以看到以下几个关键步骤：首先，输入数据被分割成多个部分，称为 split；然后，每个部分由一个或多个 Map 任务处理，Map 任务将输入数据转换为中间结果；接着，中间结果通过 Shuffle 过程分发给 Reduce 任务；最后，Reduce 任务将这些中间结果合并最终输出。其中 Input split、Shuffle 和 Output 分别表示输入数据分割、中间结果分发和最终输出生成的过程。

在理解了 Hadoop MapReduce 工作原理图后，我们来分析它的工作流程图，如图 3-2 所示。

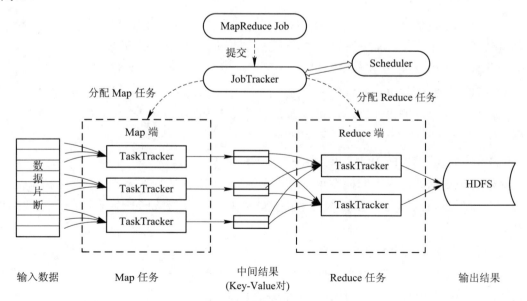

图 3-2　Hadoop MapReduce 工作流程图

如图 3-2 所示，MapReduce 的整个工作过程可以概括为以下几步：

(1) 用户提交 MapReduce Job 到 JobTracker；

(2) JobTracker 将作业拆分成多个 Map 任务和 Reduce 任务，并将它们分配给 TaskTracker；

(3) TaskTracker 从 HDFS 中读取分配的数据片断，并执行相应的 Map 任务或 Reduce 任务；

(4) Map 任务将处理后的数据发送给 Reduce 任务；

(5) Reduce 任务将接收到的数据进行合并，并将结果写入 HDFS 中。

这里的 JobTracker 和 TaskTracker 可以理解为两类不同的节点。其中，JobTracker 是管理节点，负责分配 Map 任务和 Reduce 任务。Map 端和 Reduce 端分别包含很多个 TaskTracker 用于处理小任务，最终的输出结果输出到 HDFS 中存储。

为更直观地理解，我们来分析集群状态下(至少 2 个节点)Hadoop MapReduce 的执行流程，如图 3-3 所示。

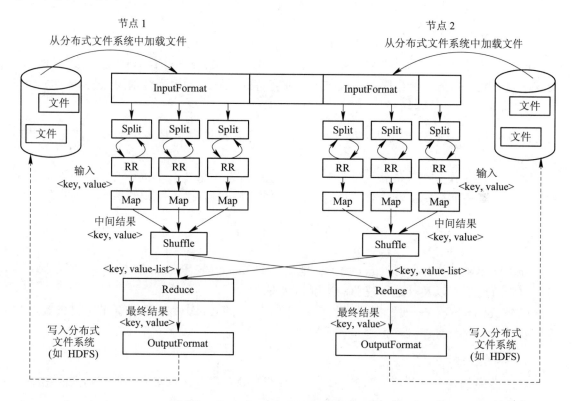

图 3-3 Hadoop MapReduce 执行流程图

如图 3-3 所示，在节点 1 和节点 2 上，TaskTracker 会从分布式文件系统中加载分配到的数据块，并通过 InputFormat 将其划分为多个 Split。每个 Split 对应一个 Map 任务，Map 任务将输入数据转换为中间结果。中间结果通过 Shuffle 阶段进行排序和分区，然后分发给 Reduce 任务。Reduce 任务将中间结果汇总并生成最终结果，最终结果写入分布式文件系统 (如 HDFS)中。

需要注意的是，HDFS 以固定大小的 block 为基本单位存储数据，而对于 MapReduce 而言，其处理单位是 Split。Split 是一个逻辑概念，它包含一些元数据信息，如数据起始位置、数据长度、数据所在节点等。它的划分方法完全由用户通过 InputFormat 实现。一个 Split 会启动一个 Map 任务进行处理，因此 Map 任务数量由 Split 数量决定。最优的 Reduce 任务数量取决于集群中可用的 Reduce 任务槽(Slot)的数目。通常设置比 Reduce 任务槽数目稍微小一些的 Reduce 任务个数，这样可以预留一些系统资源处理可能发生的错误。

3.1.3　MapReduce 容错机制设计

由于需要运行在由大量节点组成的集群上，MapReduce 设计了一套强大的容错机制来处理硬件故障、网络问题和软件错误等导致的任务失败情况。

MapReduce 的容错机制主要包含以下几个方面。

1．任务重试(Task Retry)

当某个 Map 或 Reduce 任务因节点故障、通信异常等原因失败时，JobTracker(在较老版本的 Hadoop 中是 Master 角色，在 YARN 中为 ResourceManager)会检测到该失败，并自动将该任务重新调度到其他可用的 TaskTracker(或 NodeManager)上执行。

任务通常有预设的重试次数限制。若超过重试次数仍无法完成，则该任务会被标记为失败，并且整个任务可能会因此而失败，除非有特殊配置进行更高级别的恢复。

2．数据备份与副本机制

HDFS 通过副本机制提供数据冗余存储，每个数据块默认有多个副本存放在不同的 DataNode 上。

MapReduce 作业在读取输入文件时，会从这些副本中选择一个进行读取，如果某个副本不可用，系统就会迅速切换到其他可用的副本继续执行任务，确保数据可靠性和任务的可执行性。

3．心跳与监控

TaskTracker(或 NodeManager)周期性地向 JobTracker(或 ResourceManager)发送心跳信息，报告节点状态以及其运行任务的进度和状态。

如果 JobTracker 在一段时间内没有接收到某节点的心跳，它会判定该节点已失效，并重新安排其上的所有任务。

4．幂等性保证

Map 阶段的任务天然具有幂等性，即对相同的输入重复计算多次将得到相同的结果。利用这一特性，即使任务被意外重启也不会影响最终结果的正确性。

5．任务级别的容错处理

根据任务失败(如 Task 失败、子进程 JVM 退出)的不同级别，系统会有相应的对策，包括清理工作目录、释放资源、记录日志以便排查问题等。

通过这些方法，MapReduce 能够有效地处理各种潜在的故障场景，从而保障了在大规模分布式环境下的数据处理任务稳定、高效地完成。

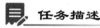

任务 3.2　MapReduce 编程实践

任务描述

本任务聚焦于 MapReduce 项目的全流程开发实践。从基于 Maven 的项目构建开始，通过词频统计案例，详细演示 Mapper/Reducer 类的编写、作业配置及向集群提交作业的过程。任务涵盖对 Hadoop 3.0 自带示例 JAR 包的解析与应用，并实践自定义 Combiner、Partitioner 等高级特性，旨在培养解决实际大数据计算问题的工程化能力。

在前面的编程中，我们都是使用 Eclipse IDE 编写基于 Java 语言的 Java Projec，而在本任务中，我们将学习创建和编写 Maven Project。Maven 是一个基于 Java 的项目管理和构建自动化工具，用于帮助开发人员自动化构建、测试、打包和部署项目，并管理项目依赖关系。Maven 项目采用中央仓库管理和依赖管理机制，简化了第三方库的引入和版本控制；而普通的 Java Project 则需要手动管理依赖，或者依赖其他构建工具进行依赖管理，这也是二者之间最大的区别。

3.2.1　新建 Maven 项目

1. 下载并安装 Maven

Maven 官网下载地址为 http://maven.apache.org/download.cgi，其下载页面如图 3-4 所示。

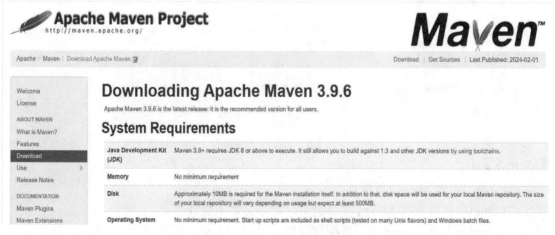

图 3-4　Maven 官网下载页面

Maven 官方下载页面提供了两种类型的安装包(bin 包和 src 包)，如图 3-5 所示。

bin 安装包包含了 Maven 运行所需的二进制文件。对于 Maven 而言，这些文件通常是已经编译好的.class 文件、本地库(如需要)和其他资源文件。Maven 的 bin 目录下包含了启动 Maven 的核心脚本(如 Windows 平台下的 mvn.bat 和 Unix/Linux 下的 mvn shell 脚本)以及辅助工具。用户下载 bin 发行版后可以直接解压到目标操作系统，并正确配置环境变量，即可使用 Maven，无须重新编译。

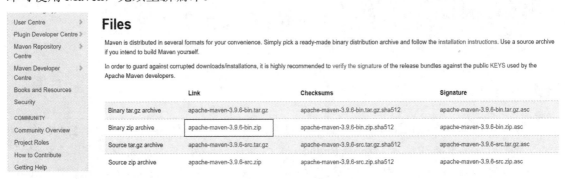

图 3-5　Maven 两种不同的安装包

src 包提供了 Maven 的源代码(包含 .java 文件)，这对于开发者或希望研究 Maven 内部实现机制、进行调试或自行编译 Maven 的人来说是必要的。若只需要作为普通用户使用 Maven 构建项目，通常无须下载 src 包。若仅想在开发环境中快速部署并开始使用 Maven 构建项目，下载 bin 包足够。若需查看或修改 Maven 本身的源代码，则应下载 src 包。同时，这两种包也提供了针对不同操作系统的压缩格式，例如 tar.gz 适用于 Linux 和 Mac OS X 系统，.zip 适用于 Windows 系统。本文选择 bin 包。Maven bin 包安装比较简单，只需要将 Maven 解压到一个没有中文和空格的路径下，如图 3-6 所示。

系统 (C:) › Program Files › Apache › apache-maven-3.9.6			
名称 ^	修改日期	类型	大小
🗀 bin —可执行文件	2024/1/5 10:18	文件夹	
🗀 boot —引导文件	2024/1/5 10:18	文件夹	
🗀 conf —全局配置文件	2024/1/5 10:18	文件夹	
🗀 lib — 类库	2024/1/5 10:18	文件夹	
📄 LICENSE	2023/11/28 9:59	文件	19 KB
📄 NOTICE	2023/11/28 9:59	文件	5 KB
📄 README.txt	2023/11/28 9:59	TXT 文件	3 KB

图 3-6　Maven 安装路径

图 3-6 中：

(1) bin：存放 Maven 的命令。

(2) boot：存放一些 Maven 本身的引导程序，如类加载器等。

(3) conf：存放 Maven 的一些配置文件，如 setting.xml 文件。

(4) lib：存放 Maven 本身运行所需的一些 JAR 包。

2. 设置 Maven 环境变量

配置系统变量(MAVEN_HOME)，变量值为 Maven 安装的路径，即 bin 目录的上级目录，如图 3-7 所示。

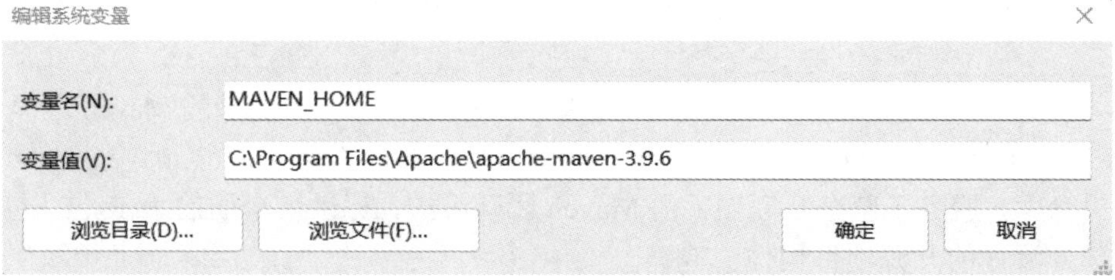

图 3-7　MAVEN_HOME

再将 MAVEN_HOME 添加至 Path 系统变量中，如图 3-8 所示。

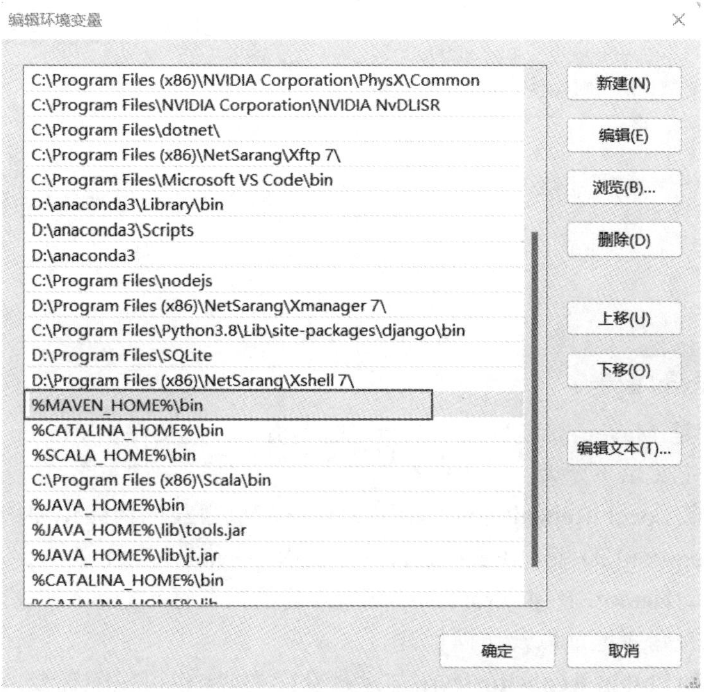

图 3-8　MAVEN_HOME 添加至 Path 系统变量中

3. Maven 软件版本测试

使用"Win+R"打开 dos 窗口，通过"mvn -version"命令检查 Maven 是否安装成功，若看到 Maven 的版本为 3.9.6 及 java 版本为 jdk1.8，则安装成功。打开命令行，输入"mvn-version"命令，如图 3-9 所示。

```
[C:\~]$ mvn -version
Apache Maven 3.9.6 (bc0240f3c744dd6b6ec2920b3cd08dcc295161ae)
Maven home: C:\Program Files\Apache\apache-maven-3.9.6
Java version: 1.8.0_351, vendor: Oracle Corporation, runtime: C:\Program Files\Java\jdk1.8.0_351\jre
Default locale: zh_CN, platform encoding: GBK
OS name: "windows 11", version: "10.0", arch: "amd64", family: "windows"
```

图 3-9　Maven 版本测试

4. Maven 仓库定义

Maven 有三种仓库：本地仓库、远程仓库和中央仓库。其定义如下：

(1) 本地仓库：本地计算机中的仓库，用来存储从远程仓库或中央仓库下载的插件和 JAR 包。

(2) 远程仓库：需要联网才可以使用的仓库(如阿里提供了一个免费的 Maven 远程仓库)。

(3) 中央仓库：Maven 软件中内置了一个远程仓库地址 http://repo1.maven.org/ maven2，它是中央仓库，服务于整个互联网，由 Maven 团队维护，提供最全面的 JAR 包，包含了世界上大部分流行的开源项目构件。

在 Maven 工程中，三种仓库的关系与性能如图 3-10 所示。

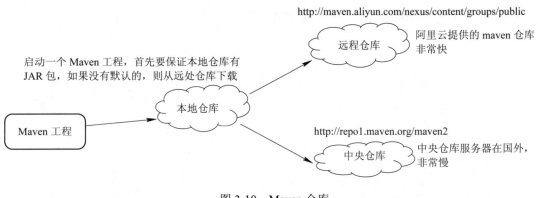

图 3-10　Maven 仓库

5．settings.xml 配置

settings.xml 是 Maven 安装目录下的全局配置文件。此文件在 Maven 构建系统中至关重要，主要用来定义以下内容：

(1) **本地仓库(Local Repository)**：指定 Maven 存储下载的依赖包和构件的位置。本地仓库定义在 settings.xml 的<localRepository></localRepository>属性中。

(2) **远程仓库(Remote Repositories)**：配置项目的默认远程仓库列表，包括中央仓库和其他自定义的私有仓库地址以及访问凭证。

(3) **插件仓库(Plugin Repositories)**：与远程仓库类似，也可以配置专门用于获取 Maven 插件的远程仓库。

(4) **代理设置(Proxy Settings)**：若网络环境需要通过代理服务器访问互联网，则在此配置代理服务器的相关信息(如主机名、端口、认证信息等)。

(5) **镜像配置(Mirrors)**：可以配置镜像来替代某些远程仓库，以提高依赖下载速度或适应内部网络环境。

(6) **用户认证信息(Servers)**：为特定远程仓库提供认证凭据(如用户名和密码)，以便在构建过程中自动处理依赖下载和部署时的身份验证。

(7) **Maven 工具和构建的全局配置**：Maven 如 Java 编译器版本、全局插件配置、构建输出日志的详细程度以及其他可能影响所有项目构建过程的行为。全局配置主要定义在 settings.xml 文件的<profile></profile>属性中。

每个 Maven 用户还可以在用户的根目录下创建一个 .m2/settings.xml 文件，该用户级别的配置会覆盖全局配置中相应的部分，允许个人定制不适用于所有开发者的个性化配置。settings.xml 文件的存放路径如图 3-11 所示。

图 3-11　settings.xml

本地仓库默认的路径：

linux：~/.m2/repository

windows：c:/Users/Administrator.m2/repository/

在本例中，我们将本地仓库的默认路径改为 D:/mvn_repo。同时，对远程仓库配置了阿里云、腾讯云和华为云 Maven 仓库共三个国内最强大的仓库镜像。对于全局配置，JDK 是 1.8 版本，maven-compiler 也是 1.8 版本。Settings.xml 文件的主要配置如下：

```xml
<localRepository> D:/mvn_repo </localRepository>

<!-- 阿里云 Maven 仓库 -->
  <mirror>
    <id>aliyun-maven</id>
    <name>Alibaba Cloud Maven Repository</name>
    <url>https://maven.aliyun.com/repository/public</url>
    <mirrorOf>*</mirrorOf>
  </mirror>

  <!-- 腾讯云开发者平台 Maven 镜像 -->
  <mirror>
    <id>tencent-maven</id>
    <name>Tencent Cloud Maven Repository</name>
    <url>https://mirrors.tencent.com/nexus/repository/maven-public/</url>
    <mirrorOf>*</mirrorOf>
  </mirror>
  <!-- 华为云 Maven 仓库 -->
  <mirror>
    <id>huawei-maven</id>
    <name>Huawei Cloud Maven Repository</name>
    <url>https://repo.huaweicloud.com/repository/maven/</url>
    <mirrorOf>*</mirrorOf>
  </mirror>
  <profile>
    <id>jdk-1.8</id>
    <activation>
```

```
    <activeByDefault>true</activeByDefault>
    <jdk>1.8</jdk>
</activation>
<properties>
    <maven.compiler.source>1.8 </maven.compiler.source>
    <maven.compiler.target>1.8 </maven.compiler.target>
    <maven.compiler.compilerVersion>1.8 </maven.compiler.compilerVersion>
</properties>
</profile>
```

6. Maven 常见命令应用

Maven 常见命令应用如下：

(1) mvn compile：编译——编译程序，在 target 中编译成.class。

(2) mvn clean：清理——删除 target，清理输出目录。

(3) mvn test：执行测试计划——执行测试，若测试失败，则不能打包。

(4) mvn package：打包——打包成 JAR 文件，输出到 target。

(5) mvn install：部署——部署 JAR 文件，部署到本地仓库。

(6) mvn deploy——部署 JAR 包，部署到远程仓库。

(7) mvn clean install：清理，部署——先清理，然后部署。

(8) mvn clean install -Dmaven.test.skip=true 忽略测试，直接部署。

在这些命令中，本任务主要用到 mvn install 命令。

7. Eclipse 新建 Maven Project

以 Eclipse IDE for Enterprise Java and Web Developers Version 2023-12 为例，演示新建 Maven Project，并进行相应配置。如图 3-12 所示，打开 IDE，选择"Window→Preferences →Maven→User Settings"，选择配置好的"settings.xml"文件，再点击"Apply and close"，如图 3-12 所示。

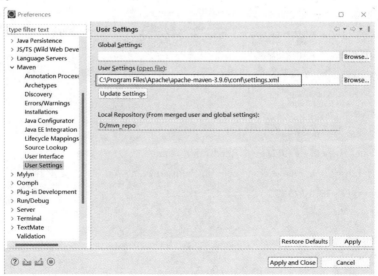

图 3-12　User Settings 配置

接下来选择"New→Maven Project"，新建 Maven Project，如图 3-13 所示。

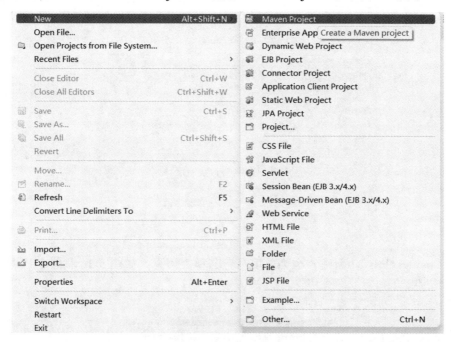

图 3-13　新建 Maven Project

勾选"Create a simple project(skip archetype selection)"和"Use default Workspace location"，如图 3-14 所示。填写项目相关信息(Group Id、Artifact Id 和 Version)，如图 3-15 所示。

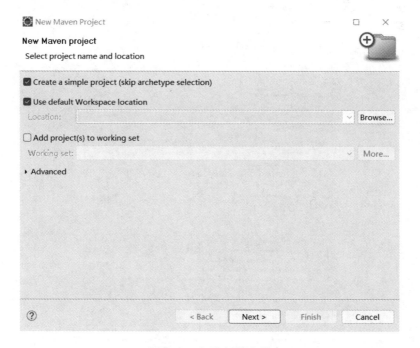

图 3-14　勾选相关选项

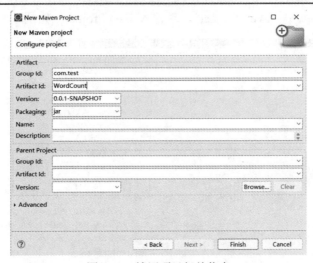

图 3-15　填写项目相关信息

选择"new→class"，新建一个类，填写包名和类信息，如图 3-16 和图 3-17 所示。

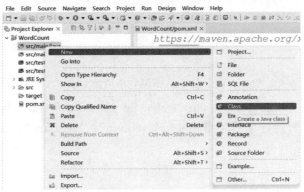

图 3-16　新建一个类

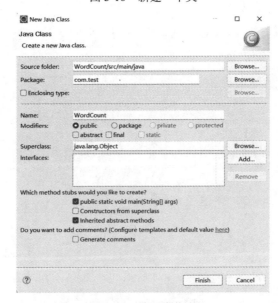

图 3-17　填写类信息

整个项目的资源结构图如图 3-18 所示。

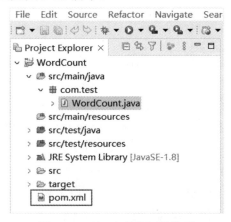

图 3-18　项目文档资源结构图

接下来需要根据具体的业务需求，编写 WordCount.java 文件，调试程序。

8. Maven Project 中的 pom.xml 设置

WordCount 项目要正确运行，还需要正确配置 pom.xml 文件，该文件在 Maven 项目中的作用至关重要。pom.xml 文件是 Maven 的核心配置文件，全称为 Project Object Model(项目对象模型)。该文件包含了构建项目所需的所有基本信息和配置设定，内容如下：

(1) 项目元数据：包括项目的标识(groupId、artifactId、version)、名称、描述、URL 等。

(2) 开发者信息：项目开发者的姓名、邮箱地址、组织信息等。

(3) 依赖管理：声明项目所依赖的其他 JAR 包或模块，以及它们的版本范围、是否传递依赖等属性。

(4) 构建配置：定义构建过程的生命周期阶段(如编译、测试、打包、部署等)、插件配置、构建目标、源代码目录结构、输出目录、资源过滤规则等。

(5) 构建 profiles：根据不同的环境或条件激活对应的构建设置。

(6) 继承与聚合：通过<parent>标签支持项目间的层次化管理和继承以及<modules>标签实现多模块项目的聚合构建。

3.2.2　Hadoop 3.0-MapReduce 项目实践

1. 项目要求

编写程序对 Hadoop 3.3.0 集群上的 /tmp/input/words.txt 文件进行单词计数,统计结果输出到 Hadoop 集群的 /tmp/output/wc 目录中。

2. 实验基础

Hadoop 3.3.0 集群已经基于 VM 15.6 环境，在 3 台 CentOS 7 虚拟机上搭建完成，物理主机上安装有 Eclipse 2023 IDE、Xshell 7 及 XFTP 等工具软件。

3. 设计思路

本项目整体的设计思路是：用户通过主类 WordCount 中的 main 方法创建一个 MapReduce 作业，并设置好各个阶段的处理类、输入/输出路径以及相关配置。提交作业后，

Hadoop 框架会自动调度任务并在集群上执行上述 Map、Combine 和 Reduce 过程，最终得到单词频数统计的结果。具体的实现过程如下：

1) 数据准备

原始文本文件存放在 HDFS 的指定目录 /tmp/input/words.txt 下。

2) Map 阶段

(1) Hadoop 框架读取输入文件并将每一行作为独立记录发送给 Mapper。

(2) WordCountMapper 接收每行文本，通过 StringTokenizer 将文本切割成单词，并为每个单词生成一个新的键值对 <单词, 1> 发送给 Reducer。

3) Combiner 阶段(可选)

Combiner 是 Reducer 的一个本地预处理版本，用于减少网络传输的数据量。此处，我们用的是同一个 Reducer 类来执行局部汇总。

4) Reduce 阶段

(1) 同一单词的所有 <单词, 1> 记录收集在一起，由 WordCountReducer 处理。

(2) Reducer 对这些相同键(即单词)对应的值(计数值)进行求和，然后输出 <单词，总计数> 键值对。

5) 输出结果

Reduce 阶段产生的结果写入 HDFS 上预先定义好的输出目录/tmp/output/wc 中。

4．具体实现

为了节省篇幅，此处仅给出关键文件的程序源码。

1) WordCount.java 程序源码

新建一个 WordCount 类，编写相应的 WordCount.java 文件，具体源码如下：

```
package com.test
import org.apache.Hadoop.conf.Configuration;
import org.apache.Hadoop.fs.Path;
import org.apache.Hadoop.io.IntWritable;
import org.apache.Hadoop.io.LongWritable;
import org.apache.Hadoop.io.Text;
import org.apache.Hadoop.mapreduce.Job;
import org.apache.Hadoop.mapreduce.Mapper;
import org.apache.Hadoop.mapreduce.Reducer;
import org.apache.Hadoop.mapreduce.lib.input.FileInputFormat;
import org.apache.Hadoop.mapreduce.lib.output.FileOutputFormat;
public class WordCount {
    // 定义一个内部静态类 WordCountMapper 作为 Map 阶段处理数据的逻辑
    public static class WordCountMapper extends Mapper<LongWritable, Text, Text, IntWritable> {
        // 初始化一个常量整数值 1，用于表示每个单词出现的次数
        private final static IntWritable one = new IntWritable(1);
```

```
// 初始化 Text 对象，用于存储单词(key)
private Text word = new Text();
// map 函数，输入键值对为<行偏移量，行文本>
public void map(LongWritable key, Text value, Context context) throws IOException,
InterruptedException {
        // 获取当前行文本并将其转换为字符串
        String line = value.toString();
        // 使用 StringTokenizer 将一行文本分割成单词
        StringTokenizer tokenizer = new StringTokenizer(line);
        // 遍历分词结果，将每个单词作为新的键值对输出
        while (tokenizer.hasMoreTokens()) {
            // 设置单词作为新的键
            word.set(tokenizer.nextToken());
            // 输出键值对：<单词, 1>
            context.write(word, one);
        }
    }
}
// 定义一个内部静态类 WordCountReducer 作为 Reduce 阶段处理数据的逻辑
public static class WordCountReducer extends Reducer<Text, IntWritable, Text, IntWritable> {
    // 初始化 IntWritable 对象，用于存放最终统计的单词频率
    private IntWritable result = new IntWritable();
    // reduce 函数，输入键值对为<单词, <1, 1, ...>>，其中每个 1 代表单词在 map 阶段的计数
    public void reduce(Text key, Iterable<IntWritable> values, Context context) throws
IOException, InterruptedException {
        // 初始化单词频率为 0
        int sum = 0;
        // 遍历所有与该单词关联的计数
        for (IntWritable val : values) {
            // 累加每个计数
            sum += val.get();
        }
        // 将累加后的单词频率设置给 result 对象
        result.set(sum);
        // 输出键值对：<单词, 总计数>
        context.write(key, result);
    }
}
public static void main(String[] args) throws Exception {
```

```
        // 创建 Hadoop 配置对象，加载集群的配置信息
        Configuration conf = new Configuration();
        // 创建一个新的 Job 实例，指定应用名称为"word count"
        Job job = Job.getInstance(conf, "word count");
        // 设置这个 Job 的主要类，以便 Hadoop 运行时能找到正确的入口点
        job.setJarByClass(WordCount.class);
        // 指定 Map 阶段使用的类
        job.setMapperClass(WordCountMapper.class);
        // 可选，这里使用了相同的 Reducer 类，并设置 Combiner 以优化性能
        job.setCombinerClass(WordCountReducer.class);
        // 指定 Reduce 阶段使用的类
        job.setReducerClass(WordCountReducer.class);
        // 指定作业输出的 Key 和 Value 类型
        job.setOutputKeyClass(Text.class);
        job.setOutputValueClass(IntWritable.class);
        // 设置输入文件路径和输出目录
        FileInputFormat.addInputPath(job, new Path("/tmp/input/words.txt"));
        FileOutputFormat.setOutputPath(job, new Path("/tmp/output/wc"));
        // 提交作业到集群并等待其完成
        System.exit(job.waitForCompletion(true) ? 0 : 1);
    }
}
```

2) pom.xml 配置清单

pom.xml 文件是 Maven 项目的核心配置文件，使用项目对象模型(Project Object Model，POM)格式来定义项目的结构、依赖关系和构建配置。其配置源代码如下：

```
    <project xmlns="http://maven.apache.org/POM/4.0.0"
            xmlns:xsi="http://www.w3.org/2001/XMLSchema-instance"
            xsi:schemaLocation="http://maven.apache.org/POM/4.0.0
http://maven.apache.org/maven-v4_0_0.xsd">
        <modelVersion>4.0.0</modelVersion>
        <!-- 项目基本信息 -->
        <groupId>com.test</groupId>
        <artifactId>WordCount</artifactId>
        <version>1.0-SNAPSHOT</version>
        <!-- 编译器版本设置为 Java 8 -->
        <properties>
            <maven.compiler.source>1.8</maven.compiler.source>
            <maven.compiler.target>1.8</maven.compiler.target>
        </properties>
```

```
<dependencies>
    <!-- Hadoop 核心客户端库 -->
    <dependency>
        <groupId>org.apache.Hadoop</groupId>
        <artifactId>Hadoop-client</artifactId>
        <version>3.3.0</version>
    </dependency>
</dependencies>
</project>
```

3）程序打包调试

如图 3-19 所示，选中"WordCount"项目，选择"Run As"→"Maven install"。

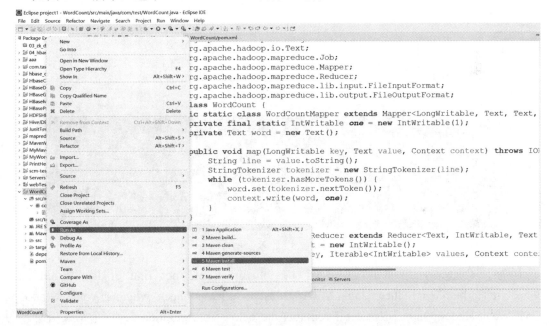

图 3-19　Maven install 打包

打包结果如图 3-20 所示。

图 3-20　JAR 包打包成功

生成的 JAR 包存放位置如图 3-21 所示。

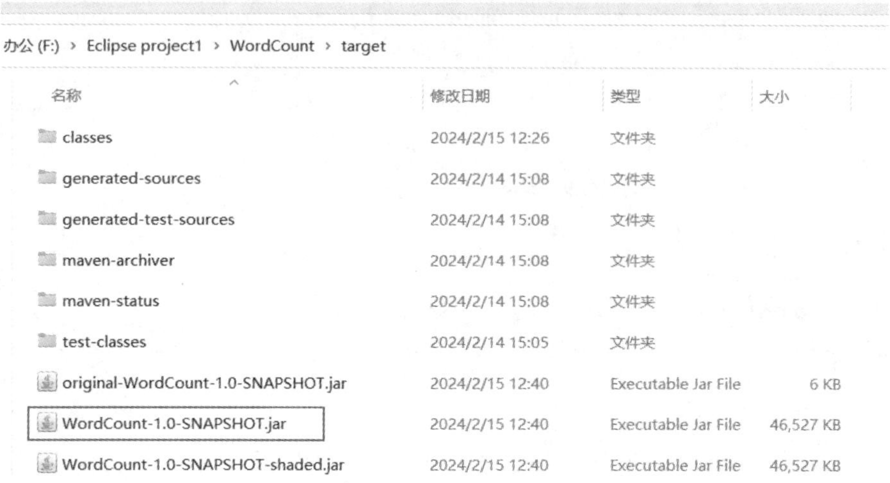

办公 (F:)　>　Eclipse project1　>　WordCount　>　target

名称	修改日期	类型	大小
classes	2024/2/15 12:26	文件夹	
generated-sources	2024/2/14 15:08	文件夹	
generated-test-sources	2024/2/14 15:08	文件夹	
maven-archiver	2024/2/14 15:08	文件夹	
maven-status	2024/2/14 15:08	文件夹	
test-classes	2024/2/14 15:05	文件夹	
original-WordCount-1.0-SNAPSHOT.jar	2024/2/15 12:40	Executable Jar File	6 KB
WordCount-1.0-SNAPSHOT.jar	2024/2/15 12:40	Executable Jar File	46,527 KB
WordCount-1.0-SNAPSHOT-shaded.jar	2024/2/15 12:40	Executable Jar File	46,527 KB

图 3-21　JAR 包存放位置

4) Hadoop 集群调试运行

将打包好的 JAR 包上传至 Hadoop 3.3.0 集群的 /opt/softwares/ 目录下，然后运行如图 3-22 所示的命令。

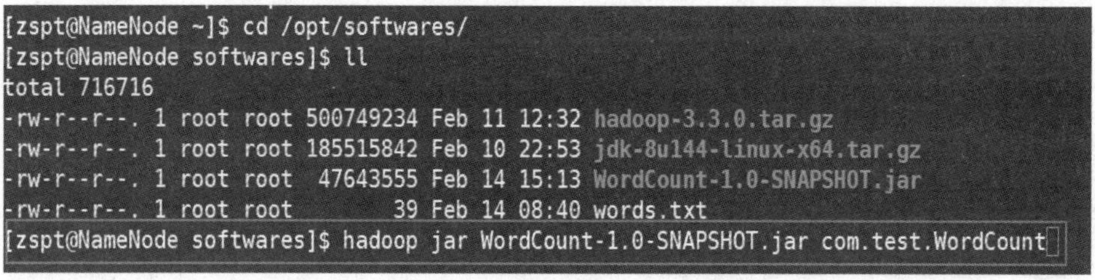

```
[zspt@NameNode ~]$ cd /opt/softwares/
[zspt@NameNode softwares]$ ll
total 716716
-rw-r--r--. 1 root root 500749234 Feb 11 12:32 hadoop-3.3.0.tar.gz
-rw-r--r--. 1 root root 185515842 Feb 10 22:53 jdk-8u144-linux-x64.tar.gz
-rw-r--r--. 1 root root  47643555 Feb 14 15:13 WordCount-1.0-SNAPSHOT.jar
-rw-r--r--. 1 root root        39 Feb 14 08:40 words.txt
[zspt@NameNode softwares]$ hadoop jar WordCount-1.0-SNAPSHOT.jar com.test.WordCount
```

图 3-22　Hadoop JAR 命令测试

运行该命令后，出现错误提示信息："Error: Could not find or load main class org.apache.Hadoop.mapreduce.v2.app.MRAppMaster。Please check whether your <Hadoop_HOME>/etc/ Hadoop/mapred-site.xml contains the below configuration:"，这个错误信息表明 Hadoop 集群在运行 MapReduce 任务时找不到 org.apache.Hadoop.mapreduce.v2.app. MRAppMaster 类，这通常是环境变量设置得不正确或相关依赖未正确配置所导致的。根据提示，检查 Hadoop 配置文件中的环境变量是否正确设置了 Hadoop_MAPRED_HOME。

解决这个问题的方法：登录 Hadoop 3.3.0 集群上的 NameNode 主机，用 VI 编辑器检查和修改 /opt/modules/Hadoop-3.3.0/etc/Hadoop/ 目录下的 mapred-site.xml 文件，修改后的 mapred-site 的主要配置如下：

```
<configuration>
    <property>
        <name>yarn.app.mapreduce.am.env</name>
        <value>Hadoop_MAPRED_HOME=/opt/modules/Hadoop-3.3.0</value>
    </property>
    <property>
```

```
            <name>mapreduce.map.env</name>
            <value>Hadoop_MAPRED_HOME=/opt/modules/Hadoop-3.3.0</value>
        </property>
        <property>
            <name>mapreduce.reduce.env</name>
            <value>Hadoop_MAPRED_HOME=/opt/modules/Hadoop-3.3.0</value>
        </property>
        <property>
            <name>mapreduce.framework.name</name>
            <value>yarn</value>
        </property>
</configuration>
```

再重新运行“Hadoop jar WordCount-1.0-SNAPSHOT.jar com.test.WordCount”命令，显示成功。最后，查看 /tmp/input/words.txt 及统计后的输出结果，运行如下命令：

```
[zspt@NameNode softwares]$ hdfs dfs -cat /tmp/input/words.txt
[zspt@NameNode softwares]$ hdfs dfs -ls /tmp/output/wc/
[zspt@NameNode softwares]$ hdfs dfs -cat /tmp/output/wc/part-r-00000
```

运行过程及结果如图 3-23 所示。

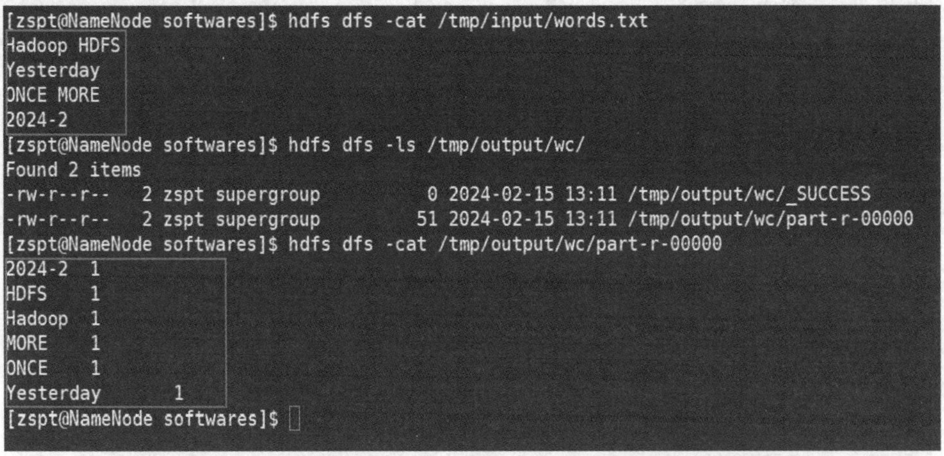

```
[zspt@NameNode softwares]$ hdfs dfs -cat /tmp/input/words.txt
Hadoop HDFS
Yesterday
ONCE MORE
2024-2
[zspt@NameNode softwares]$ hdfs dfs -ls /tmp/output/wc/
Found 2 items
-rw-r--r--   2 zspt supergroup          0 2024-02-15 13:11 /tmp/output/wc/_SUCCESS
-rw-r--r--   2 zspt supergroup         51 2024-02-15 13:11 /tmp/output/wc/part-r-00000
[zspt@NameNode softwares]$ hdfs dfs -cat /tmp/output/wc/part-r-00000
2024-2  1
HDFS    1
Hadoop  1
MORE    1
ONCE    1
Yesterday       1
[zspt@NameNode softwares]$
```

图 3-23　WordCount 成功运行

3.2.3　MapReduce Example JAR 调用

进入 NameNode 主机的 /opt/modules/Hadoop-3.3.0/share/Hadoop/mapreduce/ 目录，运行如下命令：

```
[zspt@NameNode Hadoop]$ cd /opt/modules/Hadoop-3.3.0/share/Hadoop/mapreduce/
[zspt@NameNode mapreduce]$ ll
```

运行结果如图 3-24 所示。

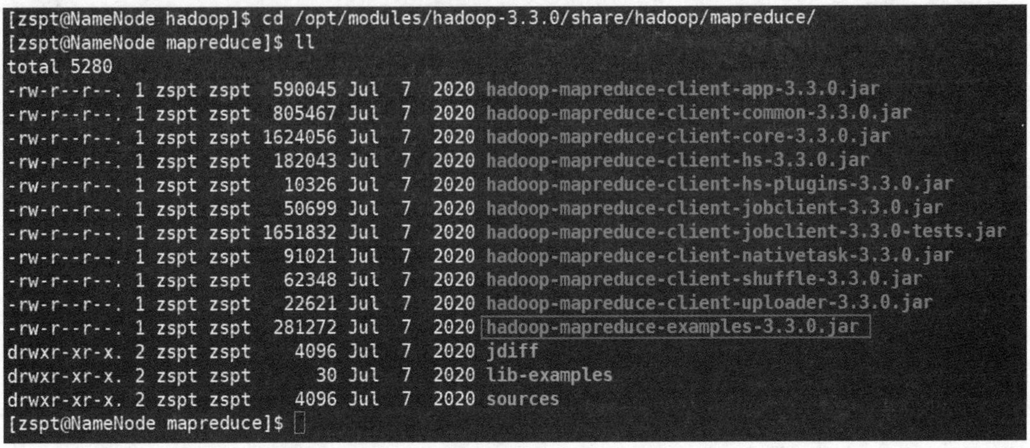

```
[zspt@NameNode hadoop]$ cd /opt/modules/hadoop-3.3.0/share/hadoop/mapreduce/
[zspt@NameNode mapreduce]$ ll
total 5280
-rw-r--r--. 1 zspt zspt  590045 Jul  7  2020 hadoop-mapreduce-client-app-3.3.0.jar
-rw-r--r--. 1 zspt zspt  805467 Jul  7  2020 hadoop-mapreduce-client-common-3.3.0.jar
-rw-r--r--. 1 zspt zspt 1624056 Jul  7  2020 hadoop-mapreduce-client-core-3.3.0.jar
-rw-r--r--. 1 zspt zspt  182043 Jul  7  2020 hadoop-mapreduce-client-hs-3.3.0.jar
-rw-r--r--. 1 zspt zspt   10326 Jul  7  2020 hadoop-mapreduce-client-hs-plugins-3.3.0.jar
-rw-r--r--. 1 zspt zspt   50699 Jul  7  2020 hadoop-mapreduce-client-jobclient-3.3.0.jar
-rw-r--r--. 1 zspt zspt 1651832 Jul  7  2020 hadoop-mapreduce-client-jobclient-3.3.0-tests.jar
-rw-r--r--. 1 zspt zspt   91021 Jul  7  2020 hadoop-mapreduce-client-nativetask-3.3.0.jar
-rw-r--r--. 1 zspt zspt   62348 Jul  7  2020 hadoop-mapreduce-client-shuffle-3.3.0.jar
-rw-r--r--. 1 zspt zspt   22621 Jul  7  2020 hadoop-mapreduce-client-uploader-3.3.0.jar
-rw-r--r--. 1 zspt zspt  281272 Jul  7  2020 hadoop-mapreduce-examples-3.3.0.jar
drwxr-xr-x. 2 zspt zspt    4096 Jul  7  2020 jdiff
drwxr-xr-x. 2 zspt zspt      30 Jul  7  2020 lib-examples
drwxr-xr-x. 2 zspt zspt    4096 Jul  7  2020 sources
[zspt@NameNode mapreduce]$
```

图 3-24　系统自带 MapReduce JAR 包

运行如下命令调用内置示例程序：

[zspt@NameNode mapreduce]$ Hadoop jar Hadoop-mapreduce-examples-3.3.0.jar wordcount/tmp/
input/words.txt /tmp/output/newwc

命令成功运行，结果如图 3-25 所示。

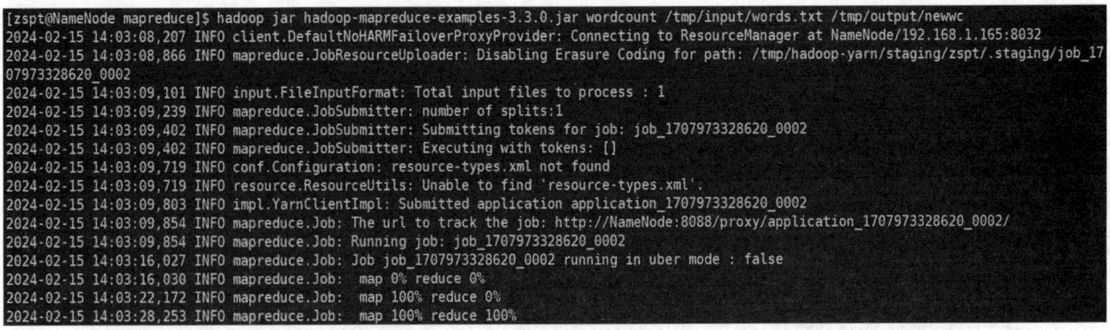

```
[zspt@NameNode mapreduce]$ hadoop jar hadoop-mapreduce-examples-3.3.0.jar wordcount /tmp/input/words.txt /tmp/output/newwc
2024-02-15 14:03:08,207 INFO client.DefaultNoHARMFailoverProxyProvider: Connecting to ResourceManager at NameNode/192.168.1.165:8032
2024-02-15 14:03:08,866 INFO mapreduce.JobResourceUploader: Disabling Erasure Coding for path: /tmp/hadoop-yarn/staging/zspt/.staging/job_17
07973328620_0002
2024-02-15 14:03:09,101 INFO input.FileInputFormat: Total input files to process : 1
2024-02-15 14:03:09,239 INFO mapreduce.JobSubmitter: number of splits:1
2024-02-15 14:03:09,402 INFO mapreduce.JobSubmitter: Submitting tokens for job: job_1707973328620_0002
2024-02-15 14:03:09,402 INFO mapreduce.JobSubmitter: Executing with tokens: []
2024-02-15 14:03:09,719 INFO conf.Configuration: resource-types.xml not found
2024-02-15 14:03:09,719 INFO resource.ResourceUtils: Unable to find 'resource-types.xml'.
2024-02-15 14:03:09,803 INFO impl.YarnClientImpl: Submitted application application_1707973328620_0002
2024-02-15 14:03:09,854 INFO mapreduce.Job: The url to track the job: http://NameNode:8088/proxy/application_1707973328620_0002/
2024-02-15 14:03:09,854 INFO mapreduce.Job: Running job: job_1707973328620_0002
2024-02-15 14:03:16,027 INFO mapreduce.Job: Job job_1707973328620_0002 running in uber mode : false
2024-02-15 14:03:16,030 INFO mapreduce.Job:  map 0% reduce 0%
2024-02-15 14:03:22,172 INFO mapreduce.Job:  map 100% reduce 0%
2024-02-15 14:03:28,253 INFO mapreduce.Job:  map 100% reduce 100%
```

图 3-25　系统自带 MapReduce JAR 示例程序运行成功

利用系统自带的 MapReduce JAR 运行单词统计输出结果，测试命令及运行结果如图 3-26 所示。

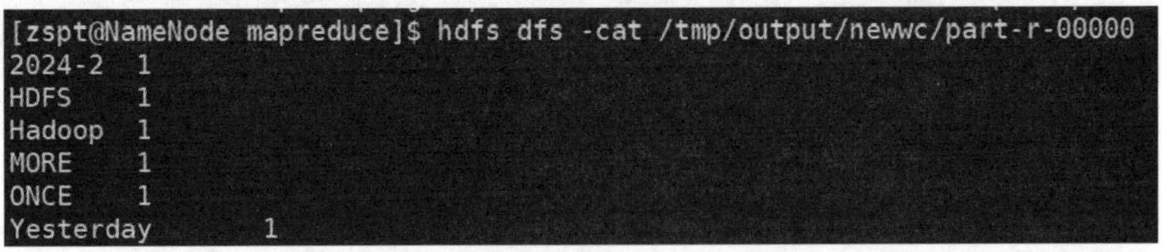

```
[zspt@NameNode mapreduce]$ hdfs dfs -cat /tmp/output/newwc/part-r-00000
2024-2    1
HDFS      1
Hadoop    1
MORE      1
ONCE      1
Yesterday         1
```

图 3-26　系统自带 MapReduce JAR 成功运行

3.2.4　Hadoop 2.0-MapReduce 项目实践

为了进行对比，搭建一个基于 Hadoop 2.8.5 的完全分布式集群。集群中，NameNode
主机的IP地址是 192.168.1.111/24，另外 2 台 DataNode 主机的IP地址分别是 192.168.1.112/24

和 192.168.1.113/24。单词统计的输入源是 /tmp/input/words.txt，输出源是 /tmp/output/wc/。实验中新建一个 Java Project，如图 3-27 所示。

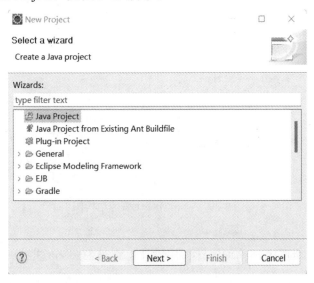

图 3-27　新建 Java Project

Project name 填写"WordCount1"，JRE 选择"Use default..."，如图 3-28 所示。

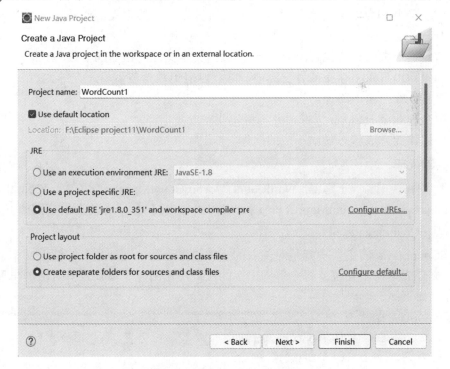

图 3-28　新建 WordCount1 项目

新建 WordCount.java、WordCountMapper.java 和 WordCountReduce.java 三个文件，并导入项目所需要的所有 JAR 包。WordCount1 资源结构如图 3-29 所示。

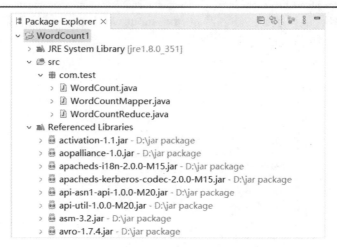

图 3-29　WordCount1 资源结构图

1．设计思路

在 Hadoop 2.8.5 集群中，单词统计程序设计思路与 Hadoop 3.3.0 是一致的，只是在具体的代码实现上略有差别：

(1) 初始化 Hadoop 的 Configuration 对象来配置 MapReduce 作业。

(2) 获取 Hadoop 文件系统的实例，以便与 HDFS 进行交互。

(3) 创建一个 MapReduce 作业实例，并设置其属性，如主类、作业名称、Mapper 类、Reducer 类，以及它们的输出键值对类型。

(4) 指定输入数据集的位置(即要统计词频的文本文件所在 HDFS 路径)。

(5) 确保输出目录不存在或者已经被删除，以避免数据覆盖。

(6) 设置作业的输出路径。

(7) 提交作业至 Hadoop 集群，并等待作业完成。

(8) 根据作业完成状态输出相应的信息。

2．关键代码

关键类有 3 个，分别是 WordCount、WordCountMapper 和 WordCountReduce。WordCount.java、WordCountMapper.java 和 WordCountReduce.java 的源码分别如下。

1) WordCount.java 源码

WordCount.java 的主要功能是对输入的文本数据进行单词计数。它读取文本文件，将文件内容拆分成单词，并统计每个单词出现的次数，输出每个单词及其对应的出现次数。其具体源码如下：

```
package com.test;
import org.apache.Hadoop.conf.Configuration;
import org.apache.Hadoop.fs.FileSystem;
import org.apache.Hadoop.fs.Path;
import org.apache.Hadoop.io.IntWritable;
import org.apache.Hadoop.io.Text;
import org.apache.Hadoop.mapreduce.Job;
```

```java
import org.apache.Hadoop.mapreduce.lib.input.FileInputFormat;
import org.apache.Hadoop.mapreduce.lib.output.FileOutputFormat;
// 定义 WordCount 主类, 用于启动和配置 WordCount MapReduce 作业
public class WordCount {
    public static void main(String[] args) {
        // 创建一个 Hadoop Configuration 对象, 用于存储和传递集群配置信息
        Configuration config = new Configuration();
        try {
            // 根据 Configuration 获取与当前运行环境匹配的 FileSystem 实例
            FileSystem fs = FileSystem.get(config);
            // 创建一个新的 MapReduce Job 实例, 并设置基本配置
            Job job = Job.getInstance(config);
            // 设置提交到集群执行的 JAR 包中的主类(通常是包含此 main 方法的类)
            job.setJarByClass(WordCount.class);
            // 给 Job 命名, 便于识别
            job.setJobName("wc");
            // 设置 Mapper 阶段处理类
            job.setMapperClass(WordCountMapper.class);
            // 设置 Reducer 阶段处理类
            job.setReducerClass(WordCountReduce.class);
            // 设置 Mapper 输出键值对的数据类型
            job.setMapOutputKeyClass(Text.class);
            job.setMapOutputValueClass(IntWritable.class);
            // 添加输入路径, 指定待处理的文本数据源位置(这里是一个 HDFS 路径)
            FileInputFormat.addInputPath(job, new Path("hdfs://192.168.1.111:9000/tmp/input/
            words.txt"));
            // 定义输出路径, 用于存放 MapReduce 作业生成的结果数据
            Path outpath = new Path("hdfs://192.168.1.111:9000/tmp/output/wc/");
            // 检查并删除已存在的输出目录(如果有的话), 确保每次作业执行时不会叠加结果
            if (fs.exists(outpath)) {
                fs.delete(outpath, true);
            }
            // 设置 Job 的最终输出路径
            FileOutputFormat.setOutputPath(job, outpath);
            // 提交并等待作业完成。waitForCompletion(true)会阻塞直到作业结束, 并返回作业
            //   是否成功执行
            boolean f = job.waitForCompletion(true);
            // 如果作业成功执行, 则打印提示信息
            if (f) {
                System.out.println("job 执行通过");
            }
```

```
        } catch (Exception e) {
                        e.printStackTrace();
        }
    }
}
```

2）WordCountMapper.java 源码

WordCountMapper 负责将输入的文本数据切分成单词，并将每个单词映射为数值 1，输出形式为<单词，1>的键值对。这些键值对随后会在 Reducer 阶段被聚合，计算每个单词的总出现次数。其具体源码如下：

```
package com.test;
import org.apache.Hadoop.io.IntWritable;
import org.apache.Hadoop.io.LongWritable;
import org.apache.Hadoop.io.Text;
import org.apache.Hadoop.mapreduce.Mapper;
import org.apache.Hadoop.util.StringUtils;
import java.io.IOException;
// 定义 WordCountMapper 类，继承自 Hadoop MapReduce 框架中的 Mapper 抽象类
public class WordCountMapper extends Mapper<LongWritable, Text, Text, IntWritable> {
    // 重写 Mapper 抽象类中的 map 方法，此方法将在每个 Map 任务中被调用，对输入数据
        进行处理
    protected void map(LongWritable key, Text value,
                        Mapper<LongWritable, Text, Text, IntWritable>.Context context)
                throws IOException, InterruptedException {

        // 将接收到的文本行值转换为字符串，并使用空格作为分隔符分割成单词数组
        String[] words = StringUtils.split(value.toString(), ' ');

        // 遍历分割后的单词数组
        for (String w : words) {
            // 对于每一个单词，创建一个新的 Text 对象作为输出键，并设置其值为当前遍历
                到的单词
            // 创建一个新的 IntWritable 对象作为输出值，并设置其值为 1，表示单词出现一次
            context.write(new Text(w), new IntWritable(1));
        }
    }
}
```

3）WordCountReduce.java 源码

WordCountReduce 负责接收来自 Mapper 阶段输出的<单词，1>键值对，对同一个单词的所有计数值(1)进行累加，最终输出<单词，总计数>形式的键值对，表示每个单词在整个文本中的总出现次数。其具体源码如下：

```
package com.test;
import org.apache.Hadoop.io.IntWritable;
import org.apache.Hadoop.io.Text;
import org.apache.Hadoop.mapreduce.Reducer;
// 导入 Java 的 IOException 和 InterruptedException 异常处理类
import java.io.IOException;
// 定义 WordCountReduce 类，继承自 Hadoop MapReduce 框架中的 Reducer 抽象类
public class WordCountReduce extends Reducer<Text, IntWritable, Text, IntWritable> {
    // 重写 Reducer 抽象类中的 reduce 方法，此方法将在每个 Reduce 任务中被调用，对 Map 阶
        段输出的数据进行聚合计算
    protected void reduce(Text key, Iterable<IntWritable> values, Context context) throws
IOException, InterruptedException {
        // 初始化一个整数变量 sum 用于累加相同单词出现的次数
        int sum = 0;
        // 遍历传入的与当前 key 关联的所有 IntWritable 值(即单词在 Map 阶段统计的频次)
        for (IntWritable i : values) {
            // 将当前单词的计数值累加到 sum 上
            sum += i.get();
        }
        // 当所有与该 key 关联的 value 都已遍历并累加完成后，将结果输出为一个新的键值对：
            <单词，总计数>
        context.write(key, new IntWritable(sum));
    }
}
```

3. 运行测试

在 Eclipse 2023 IDE 平台上，选择 "File" → "Export" 菜单项，打开如图 3-30 所示的导出界面，导出 JAR 包。

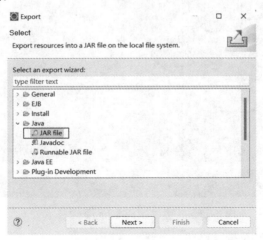

图 3-30　Java Application Project 导出 JAR 包

导出的 JAR 包命名为"WordCount1.jar",如图 3-31 所示。

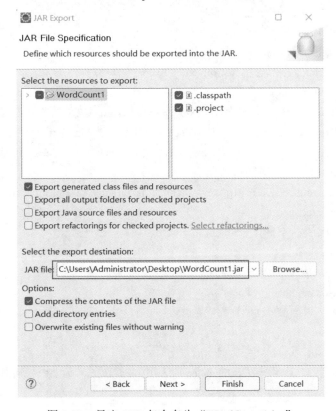

图 3-31　导出 JAR 包命名为"WordCount1.jar"

将该 JAR 包通过 Xftp 7 上传至 Hadoop-2.8.5 集群的 NameNode 主机(IP 地址为192.168.1.111)的 /opt/softwares/ 目录,然后运行如下命令:

```
[root@centos01 softwares]# Hadoop jar WordCount1.jar com.test.WordCount
```

命令运行成功,如图 3-32 所示。

```
[root@centos01 softwares]# hadoop jar WordCount1.jar com.test.WordCount
24/02/15 19:46:40 INFO client.RMProxy: Connecting to ResourceManager at /0.0.0.0:8032
24/02/15 19:46:41 WARN mapreduce.JobResourceUploader: Hadoop command-line option parsing not per
cute your application with ToolRunner to remedy this.
24/02/15 19:46:42 INFO input.FileInputFormat: Total input files to process : 1
24/02/15 19:46:44 INFO mapreduce.JobSubmitter: number of splits:1
24/02/15 19:46:45 INFO mapreduce.JobSubmitter: Submitting tokens for job: job_1707973358324_0001
24/02/15 19:46:47 INFO impl.YarnClientImpl: Submitted application application_1707973358324_0001
24/02/15 19:46:47 INFO mapreduce.Job: The url to track the job: http://centos01:8088/proxy/applic
24/02/15 19:46:47 INFO mapreduce.Job: Running job: job_1707973358324_0001
24/02/15 19:47:11 INFO mapreduce.Job: Job job_1707973358324_0001 running in uber mode : false
24/02/15 19:47:11 INFO mapreduce.Job:  map 0% reduce 0%
24/02/15 19:47:23 INFO mapreduce.Job:  map 100% reduce 0%
24/02/15 19:47:34 INFO mapreduce.Job:  map 100% reduce 100%
24/02/15 19:47:34 INFO mapreduce.Job: Job job_1707973358324_0001 completed successfully
24/02/15 19:47:35 INFO mapreduce.Job: Counters: 49
        File System Counters
```

图 3-32　成功运行 Hadoop jar 相关命令

查看单词统计源文件及统计结果,如图 3-33 所示。

```
[root@centos01 softwares]# hdfs dfs -cat /tmp/input/words.txt
Hadoop test Yesterday
Once more HDFS JAVA
TEST 2024
[root@centos01 softwares]# hdfs dfs -ls /tmp/output/wc/
Found 2 items
-rw-r--r--   2 root supergroup          0 2024-02-15 19:47 /tmp/output/wc/_SUCCESS
-rw-r--r--   2 root supergroup         70 2024-02-15 19:47 /tmp/output/wc/part-r-00000
[root@centos01 softwares]# hdfs dfs -cat /tmp/output/wc/part-r-00000
2024      1
HDFS      1
Hadoop    1
JAVA      1
Once      1
TEST      1
Yesterday       1
more      1
test      1
[root@centos01 softwares]# 
```

图 3-33　查看单词统计源文件及统计结果

　　小结：无论是使用 Maven Project，还是 Java Project，都可以导出 JAR 包，然后将 JAR 包部署到 Hadoop 集群环境中运行，只要程序设计思路正确、代码正确，就都能实现单词统计功能。两者的差异主要在于 Maven Project 对于项目所依赖包的依赖管理更智能化。

任务 3.3　思政教育——华为鲲鹏创新突破大数据加速引擎

任务描述

　　本次思政教育旨在通过 MapReduce 的编程应用项目，培养良好的代码规范意识，提升代码健壮性和日志追踪能力，以应对生产环境中长时任务的排查需求，结合华为鲲鹏 MapReduce 优化案例等融入信创产业背景，引导认识关键核心技术自主可控的重要性，为我国信息技术应用创新(信创)产业发展，培养家国情怀和使命担当贡献力量。

　　2023 年国内某大型银行在用户行为分析业务中遭遇技术瓶颈，其传统 x86 架构的 MapReduce 集群处理每日 10 TB 日志时，任务完成时间长达 14 小时，严重制约了实时决策能力。该银行技术团队尝试引入华为鲲鹏 BoostKit 大数据加速引擎，通过以下三大自主创新实现突破：

　　(1) 指令集重构：采用鲲鹏处理器特有的 ARMv8 指令集，将 Shuffle 阶段的序列化/反序列化效率提升至原来的 3 倍。

　　(2) 软硬协同优化：基于昇腾 AI 芯片的智能调度算法，动态分配计算资源，降低跨节点数据传输衰减率达 42%。

　　(3) 全栈国产化：从麒麟操作系统到 GaussDB 数据库，构建起完全自主可控的技术生态链。

经过技术人员 3 个月的技术攻坚，系统处理时间缩短至 3.2 小时，性能较原方案提升了 77%。当技术人员成功地在国产芯片上完成 MapReduce 优化时，他们才深切体会到习近平总书记"关键核心技术是要不来、买不来、讨不来的"重要论断的深刻含义。这生动诠释了技术自主与国家安全和发展之间的内在联系，激励着新时代学子投身信创产业攻坚克难。

课 后 习 题

一、选择题

1. 在 Hadoop MapReduce 中，以下(　　)描述是正确的。

A. Map 阶段只能输出一个单一的键值对。

B. Reduce 阶段必须对所有 Map 任务产生的相同键的值进行合并处理。

C. Shuffle 阶段发生在 Map 任务执行之前。

D. Combiner 函数在 Reducer 执行之后运行。

2. 下列(　　)不是 MapReduce 框架中的关键步骤。

A. Splitting　　　　B. Mapping　　　　C. Shuffling & Sorting　　　　D. Aggregation

3. 关于 Combiner 的作用，以下(　　)说法是正确的。

A. 它用于完全替代 Reducer 的功能

B. 它可以减少网络传输的数据量

C. 它会更改最终的计算结果

D. Combiner 在每个 Map 任务完成后直接写入最终结果文件

4. 在 Hadoop MapReduce 中，决定 Reduce Task 数量的主要配置参数是(　　)。

A. mapreduce.job.maps

B. mapreduce.job.reduces

C. yarn.nodemanager.resource.memory-mb

D. yarn.scheduler.capacity.maximum-applications

二、填空题

1. MapReduce 的工作流程包括三个主要阶段：____、____、____。

2. Combiner 是在 Map 阶段之后、Reduce 阶段之前的本地化____操作，目的是减少网络间数据传输的总量。

3. Hadoop MapReduce 框架中，主节点的角色通常被称作____、____(在 Hadoop 1.x 版本)或____(在 YARN 环境下)。

三、简答题

1. 简述 MapReduce 的工作原理，并说明 Mapper 和 Reducer 在整个过程中的作用。

2. 为什么在某些情况下使用 Combiner 可以提高 MapReduce 作业的效率？

项目 4 Hive 技术应用

项目导读

Hive 作为 Hadoop 生态中的核心数据仓库工具，能够将结构化数据映射为分布式存储，并提供类 SQL 查询功能，极大地降低大数据处理门槛。本项目通过原理剖析、多模式部署及实战操作，系统讲解 Hive 在离线分析、数据管理中的应用场景，以及 Hive 与 Hadoop 集群(如 HDFS、YARN)的协同工作机制，为后续生态组件整合奠定基础。

学习目标

❖ 理论认知：理解 Hive 数据模型、架构原理及版本特性，掌握其与 MapReduce 的协作机制。

❖ 环境部署：能根据业务需求选择匹配的安装模式，完成 MySQL 元数据库配置。

❖ SQL 能力：熟练使用 DDL/DML 语句实现建表、分区、数据加载及复杂查询。

思政教育

在 Hive 技术实践中，需强调数据安全与合规性，遵守技术伦理规范。例如，通过医疗数据分析案例，深化对数据隐私保护的理解；结合 Hive 在金融风控中的应用，强化利用技术解决社会问题的使命感，同时倡导开源协作精神，强化团队协作与自主创新能力的培养。

任务 4.1 探索 Hive 技术原理

任务描述

本任务聚焦于 Hive 技术原理的探索。首先理解 Hive 基本概念，掌握其核心原理；接着分析 Hive 版本选择的要点，为后续安装提供依据；最后深入剖析 Hive 体系架构，为安装和实际应用奠定理论基础。

4.1.1　理解 Hive 基本概念

Hive 是基于 Hadoop 的一个数据仓库(Data Warehouse，DW)。它可以将结构化的数据文件映射为数据库表，并提供类 SQL 查询功能。

Hive 是 Apache 软件基金会下的一个开源数据仓库系统。它构建在 Hadoop 之上，用于处理和分析分布式存储在 Hadoop 分布式文件系统(HDFS)中的大规模数据。Hive 提供了一种类似 SQL 的查询语言——HiveQL，允许用户通过编写类 SQL 语法操作数据，而无须深入了解底层的 MapReduce 编程模型。

Hive 的主要功能包括：数据导入/导出，将结构化的数据文件映射为数据库表以及对表进行查询和管理。其核心作用是将复杂的查询转换并执行为一系列 MapReduce 作业，从而完成对大规模数据集的批处理与分析任务。随着技术的发展，Hive 也支持其他计算引擎(如 Tez 和 Spark)以提升性能。

概括来说，Hive 是一个面向大数据分析人员的数据处理框架，它极大地简化了对海量数据的 ETL(提取、转换、加载)过程和数据仓库操作，尤其适用于需要对历史数据进行离线分析的企业场景。

4.1.2　Hive 版本选择

Hive 的发展始于 2007 年，当时 Facebook 正面临处理海量数据的挑战。为了更好地利用 Apache Hadoop 平台进行大数据分析，并降低数据处理的技术门槛，Facebook 内部启动了一个项目，旨在开发一个能够支持 SQL 类查询接口的系统，使得非编程背景的分析师也能方便地对存储在 Hadoop 分布式文件系统(HDFS)中的大规模数据进行查询和分析。这个项目即 Hive 项目。Hive 在其发展过程中经历了持续的技术迭代和改进。

1．早期阶段(2007—2010)

(1) Hive 起源于 Facebook 内部项目，用于简化海量日志数据的 MapReduce 处理。

(2) 2010 年，Hive 成为 Apache 顶级项目。其初期版本(0.x 系列)主要提供类 SQL 接口(HiveQL)和元数据管理功能，支持 Hadoop 1.x 生态系统。

2．Hive 1.x 系列(2010—2015)

(1) 此系列版本正式发布，标志着 Hive 进入稳定发展阶段。

(2) 主要特性包括：性能优化、增强的 HiveQL 功能、更好的错误处理以及 Hadoop 2.x(YARN)的初步支持。

3．Hive 2.x 系列(2015—2017)

(1) 整合 YARN 资源调度，支持多租户和动态资源分配。

(2) 引入 Hive LLAP(Live Long and Process，实时长时处理)，显著提升交互式查询性能。

(3) 支持 Spark 作为执行引擎(Hive on Spark)，但早期版本需严格匹配 Spark 2.3.0 等版本。

4．Hive 3.x 系列(2018 至今)

(1) 支持 ACID 事务 V2，显著增强数据一致性。

(2) 引入物化视图、查询结果缓存等特性，优化大规模 ETL 性能。

(3) 与 Hadoop 3.x 生态系统深度集成，兼容更多云原生存储格式(如 ORC，Parquet 的增强支持)。

Hive 3.1.3 曾长期作为主流稳定版本，广泛用于企业级数据仓库，支持 Spark 3.x 和 Kubernetes 部署。

4.1.3　Hive 体系架构分析

Hive 是基于 Hadoop 的数据仓库工具，其体系架构意义重大。它可将 SQL 转换为 MapReduce 任务，方便用户处理 HDFS 数据。下面我们首先看 Hive 的体系结构图。

Hive 体系结构如图 4-1 所示。

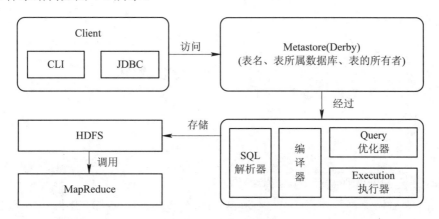

图 4-1　Hive 体系结构

Hive 体系结构中的主要组件功能和作用如下：

(1) Client(客户端)：用户与 Hive 进行交互的接口。它提供了 CLI(Command Line Interface，命令行界面)和 JDBC(Java Database Connectivity)两种方式供用户使用。

(2) Meta Store (derby)(元数据存储库)：负责存储 Hive 的元数据，包括表名、表所属数据库、表的所有者等信息。默认情况下，Hive 使用内嵌的 Derby 作为元数据存储库，但也可以配置为使用其他数据库系统(如 MySQL)。

(3) HDFS(Hadoop 分布式文件系统)：Hive 的主要数据存储层。Hive 将数据存储在 HDFS 中，其查询通常最终通过 MapReduce 或其他计算引擎(如 Tez、Spark)进行处理。

(4) MapReduce：Hadoop 的核心计算框架，用于并行处理大数据。Hive 将查询转换为 MapReduce 任务，然后在 Hadoop 集群上执行这些任务。

(5) SQL 解析器：负责将用户质量提交的 HiveQL(类 SQL)语句解析成抽象语法树(Abstract Syntax Tree，AST)，以便后续查询优化和执行。

(6) Query 优化器：根据解析得到的抽象语法树生成逻辑执行计划和物理执行计划。优化器会考虑各种因素(如数据分布、分区、索引、统计信息等)来优化执行计划，以提高查询效率。

(7) Execution 执行器：负责将优化后的物理执行计划转换为实际的操作，如读取数据、执行算子等。

(8) 编译器：将用户编写的 HQL 语句转换为可执行的逻辑执行计划，为后续的优化和执行奠定基础。

　　结合图 4-1，Hive 处理查询的主要过程是：用户使用 Hive 提供的 CLI 或 JDBC 接口提交 SQL 查询，Hive 接收到查询后，首先访问 Metastore 获取元数据信息(如表名、表所属数据库、表的所有者等)。然后，Hive 的查询优化器根据抽象语法树生成执行计划，优化后的执行计划转换为 MapReduce 任务，每个任务都由一系列操作组成，这些操作将在 Hadoop 集群节点并行执行。Map 阶段将输入数据拆分为键值对，并对每个键值对应用映射函数。Reduce 阶段则将映射结果按键分组并排序，并对每个组应用归约函数，处理完成后，结果数据通常存储在 HDFS 中，用户可以通过 Client 查询结果，或者将结果导出到其他系统进行进一步分析。如果查询涉及创建新表或修改现有表，Hive 会更新 Metastore 中的元数据信息，确保数据的一致性。

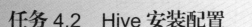

任务 4.2　Hive 安装配置

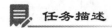

任务描述

　　本任务旨在指导用户完成 Hive 的安装配置。通过对 Hive 安装模式的分析，明确不同模式的特点；随后依次讲解内嵌模式、本地模式(伪分布式 Hadoop 3.3.0 集群)及远程模式(完全分布式 Hadoop 3.3.0 集群)的安装步骤，确保配置流程逻辑清晰且操作性强。

4.2.1　Hive 安装模式分析

　　Hive 的安装模式主要分为三种：内嵌模式、本地模式和远程模式。各安装模式的关键区别主要在于元数据存储方式、Metastore 服务的部署位置，以及是否在分布式环境下运行。

　　在 Hive 中，元数据(Metadata)是指存储在元数据库中的关于 Hive 中所有数据库、表以及其内部结构和属性等的信息。Hive 的元数据服务是一个专门用来存储和管理 Hive 中所有元数据的服务程序，它是 Hive 架构中的一个核心组件。Metastore 就像一个目录服务或者数据库管理系统，为 Hive 提供集中化的元数据存储。具体来说，元数据服务的作用是：客户端连接 Metastore 服务，Metastore 再去连接 MySQL 数据库来读/写元数据。有了 Metastore 服务，就可以有多个客户端同时连接，而且这些客户端不需要知道 MySQL 数据库的用户名和密码，只需要连接 Metastore 服务即可。

4.2.2　内嵌模式安装

　　内嵌模式使用的是内嵌的 Derby 数据库来存储元数据，也不需要额外启动 Metastore 服务。数据库和 Metastore 服务都嵌入主 Hive Server 进程中。Hive 内嵌模式架构如图 4-2 所示。

　　Hive 的内嵌模式是默认的，配置过程只需解压 Hive 安装包，然后执行"bin/hive"命令启动即可。其缺点是不同路径启动的 Hive 拥有一套自己的元数据，无法共享。因此，

Hive 一次只能与一个客户端连接，适用于测试环境而非生产环境。

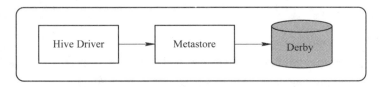

图 4-2 Hive 内嵌模式架构图

4.2.3 本地模式(伪分布式 Hadoop 3.3.0 集群)安装

本地模式采用外部数据库来存储元数据，目前支持的数据库有 MySQL、Postgres、Oracle、MS SQL Server，本案例选用 MySQL。本地模式不需要单独启动 Metastore 服务，用的是与 Hive 在同一进程里的 Metastore 服务。也就是说当启动一次 Hive 服务时，系统会默认启动一次 Metastore 服务，Hive 根据 hive.metastore.uris 参数值来判断 Metastore 模式，若其为空，则为本地模式。本地模式的主要特点是：每启动一次 Hive 服务，都内置启动一次 Metastore 服务。

Hive 本地模式架构如图 4-3 所示。

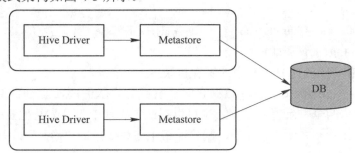

图 4-3 Hive 本地模式架构图

下面我们详细讲解基于伪分布式 Hadoop 3.3.0 集群的 Hive 本地模式安装与配置(注：Hadoop 伪分布式集群的主机 IP 地址为 192.168.1.163，安装在 VM 的虚拟操作系统 CentOS 7 上)。

步骤 1：下载并解压安装文件。

首先从 Apache 官网(https://dlcdn.apache.org/hive/)下载 Hive 安装包，下载的版本是：apache-hive-3.1.3-bin.tar.gz，大小为 312 MB。运行如下命令进行解压：

```
$ tar -zxf apache-hive-3.1.3-bin.tar.gz -C /opt/modules/
$ ln -s apache-hive-3.1.3-bin hive                              #创建软链接
```

步骤 2：配置环境变量。

修改系统环境变量文件 /etc/profile，运行如下命令：

```
$ sudo /etc/profile
```

在文件末尾添加以下内容：

```
export HIVE_HOME=/opt/modules/hive
export PATH=$PATH:$HIVE_HOME/bin
```

添加完毕后，刷新/etc/profile 文件使其生效，运行如下命令：

```
$ source   /etc/profile
```

步骤 3：关联 Hadoop。

Hive 依赖于 Hadoop，因此需在 Hive 中指定 Hadoop 的安装目录。复制 Hive 安装目录下的 conf/hive-env.sh.template 文件为 hive-env.sh，运行如下命令：

```
$ cd   /etc/modules/apache-hive-3.1.3/conf
$ sudo cp   hive-env.sh.template hive-env.sh
```

然后添加如下内容，指定 Hadoop 的安装目录：

```
export Hadoop_HOME=/opt/modules/Hadoop-3.3.0
```

步骤 4：创建数据仓库目录。

在 HDFS 中创建两个目录，并设置同组用户具有可写权限，便于同组其他用户访问，执行如下 HDFS 命令：

```
[zspt@master conf]$ hdfs dfs -mkdir /tmp
[zspt@master conf]$ hdfs dfs -mkdir -p /user/hive/warehouse
[zspt@master conf]$ hdfs dfs -chmod g+w /tmp
[zspt@master conf]$ hdfs dfs -chmod g+w /user/hive/warehouse
```

创建的两个目录的作用如下：

(1) /tmp：Hive 任务在 HDFS 中的缓存目录。

(2) /user/hive/warehouse：Hive 数据仓库目录，用于存储 Hive 创建的数据库。

Hive 默认向这两个目录写入数据，也可以在配置文件中更改为其他安装目录。若希望任意用户对这两个目录拥有可写权限，则只需将上述命令中的"g+w"改为"a+w"即可。

步骤 5：安装并配置 MySQL。

本例已经在物理主机(IP 地址为 192.168.1.169/24)上安装好了 MySQL 5.6，使用 Navicat 16 连接 MySQL 5.6 即可进行可视化操作。

使用 root 身份登录 MySQL 5.6，创建名为"hive_meteastore"的数据库，用于存放 Hive 的元信息。然后创建用户"hive"(密码同为"hive")，并为其赋予全局外部访问权限。相关的 SQL 命令如下：

```
create database hive_metastore;
grant all privileges on hive_metastore.* TO 'hive'@'%' IDENTIFIED BY 'hive';
flush privileges;
```

步骤 6：配置 Hive。

上传 Java 连接 MySQL 的驱动包(mysql-connector-java-5.1.23-bin.jar)至$HIVE_HOME/lib 中，然后修改"$HIVE_HOME/conf/hive-default.xml.template"为"hive-site.xml"，将其默认配置信息清空，添加如下配置属性：

```
<configuration>
    <!-- Hive Metastore 连接信息 -->
    <property>
```

```
        <name>javax.jdo.option.ConnectionURL</name>
        <value>jdbc:mysql://192.168.1.169:3306/hive_metastore?createDatabaseIfNotExist=true&
amp;useSSL=false</value>
    </property>
    <property>
        <name>javax.jdo.option.ConnectionDriverName</name>
        <value>com.mysql.jdbc.Driver</value>
    </property>
    <property>
        <name>javax.jdo.option.ConnectionUserName</name>
        <value>hive</value>
    </property>
    <property>
        <name>javax.jdo.option.ConnectionPassword</name>
        <value>hive</value>
    </property>
    <!-- Hadoop 与 Hive 集成配置 -->
    <property>
        <name>hive.metastore.warehouse.dir</name>
        <value>/opt/modules/Hadoop-3.3.0/warehouse</value>
    </property>
    <property>
        <name>fs.defaultFS</name>
        <value>hdfs://192.168.1.163:9000</value>
    </property>
    <!-- 根据实际情况调整 Hadoop 配置路径 -->
    <property>
        <name>hiveConf.restricted.list</name>
        <value>hive.security.authorization.manager, hive.security.authenticator.manager</value>
    </property>
    <!-- 设置 Hive 兼容 Hadoop 3.3.0 -->
    <property>
        <name>hive.Hadoop.version</name>
        <value>3.3.0</value>
    </property>
</configuration>初始化元数据
```

若需要配置日志等其他存储信息，则可添加如下配置属性：

```
    <!-- Hive 数据库在 HDFS 中存放地址 -->
```

```
    <property>
        <name>hive.metastore.warehouse.dir</name>
        <value>/user/hive/warehouse</value>
    </property>
    <!-- Hive 本地缓存目录 -->
    <property>
        <name>hive.exec.local.scratchdir</name>
        <value>/tmp/hive</value>
    </property>
    <!--添加资源时的临时目录 -->
    <property>
        <name>hive.downloaded.resources.dir</name>
        <value>/tmp/hive</value>
    </property>
    <!--结构化日志目录 -->
    <property>
        <name>hive.querylog.location</name>
        <value>/tmp/hive</value>
    </property>
    <!--存储操作日志的最高级目录 -->
    <property>
        <name>hive.server2.logging.operation.log.location</name>
        <value>/tmp/hive</value>
    </property>
</configuration>
```

步骤 7：初始化 Hive 在 MySQL 中的元数据信息。

执行如下命令：

```
$ schematool -dbType mysql -initSchema
```

运行上述命令后出现如图 4-4 所示错误信息。

```
[root@master bin]# vi /etc/profile
[root@master bin]# schematool -dbType mysql -initSchema
SLF4J: Class path contains multiple SLF4J bindings.
SLF4J: Found binding in [jar:file:/opt/modules/apache-hive-3.1.3-bin/lib/log4j-slf4j-impl-2.17.1.jar!/org/slf4j/impl/StaticLoggerBinder.clas
s]
SLF4J: Found binding in [jar:file:/opt/modules/hadoop-3.3.0/share/hadoop/common/lib/slf4j-log4j12-1.7.25.jar!/org/slf4j/impl/StaticLoggerBin
der.class]
SLF4J: See http://www.slf4j.org/codes.html#multiple_bindings for an explanation.
SLF4J: Actual binding is of type [org.apache.logging.slf4j.Log4jLoggerFactory]
Exception in thread "main" java.lang.NoSuchMethodError: com.google.common.base.Preconditions.checkArgument(ZLjava/lang/String;Ljava/lang/Obj
ect;)V
```

图 4-4　Debug

上述错误信息来自两个方面：

一方面是 SLF4J bindings 多重绑定警告——SLF4J (Simple Logging Facade for Java) 发

现了多个日志实现(binding)，这意味着在类路径中存在 2 个或更多的 SLF4J 绑定库。这通常不会阻止程序运行，但可能导致日志系统的行为不可预测。解决的方法是确保类路径中仅包含 1 个 SLF4J 的绑定实现(如 log4j-slf4j-impl 或 slf4j-log4j12)，删除其他冗余绑定库。

📖 **小提示**：需要删除的文件路径在图 4-4 中已经有提示，仅保留 1 个绑定库即可。

另一方面是 NoSuchMethodError 错误——发生在 Java 运行时，出现了 java.lang.NoSuch MethodError : com.google.common.base.Preconditions. checkArgument(ZLjava/lang/String; Ljava/lang/Object;)。这个错误表示当前运行环境中的 Guava 库版本与 Hadoop 或 Hive 内部依赖的 Guava 方法签名不匹配，即调用的方法在加载的 Guava 库版本中找不到。解决的方法是确认 Hadoop 和 Hive 安装目录下的 lib 子目录中包含了哪些版本的 Guava 库(通常是名为 guava-*.jar 的文件)，然后移除所有非兼容的 Guava 版本，再上传一个与 Hive 3.1.3 兼容的 Guava 库。

📖 **小提示**：本例在 /etc/modules/apache-hive-3.1.3-bin/lib 文件夹中删除了原来的 Guava-19.0-jre.jar 包，上传了 Guava-29.0-jre.jar 包。

最终，元信息初始化成功，如图 4-5 所示。

```
Initialization script completed
schemaTool completed
[zspt@master conf]$
```

图 4-5　元信息初始化成功

步骤 8：验证安装与配置。

在物理主机上的 Navicat 可以查看 hive_metastore 数据库，可以发现已经新建了元数据存放的诸多表格，部分数据表展示如图 4-6 所示。

图 4-6　物理主机上 MySQL 元数据表(部分)

也可以在虚拟主机 NameNode 的终端上运行命令"hive"，启动 Hive 的 CLI 服务，如果得到如图 4-7 所示的效果，则说明 Hive 在伪分布式 Hadoop 3.0 集群上已安装成功。

```
[zspt@master conf]$ hive
which: no hbase in (/opt/modules/jdk1.8.0_144/bin:/opt/modul
es/hadoop-3.3.0/bin:/opt/modules/hadoop-3.3.0/sbin:/root/bin
bin)
Hive Session ID = 09f8a324-05ee-4445-b0b0-1e97749d4c58

Logging initialized using configuration in jar:file:/opt/mod
nc: true
Hive-on-MR is deprecated in Hive 2 and may not be available
 tez) or using Hive 1.X releases.
Hive Session ID = 72d26076-fe57-4344-afe5-2ffe4b2b2b96
hive>
```

图 4-7　Hive 安装成功(伪分布式 Hadoop 3.0 集群)

另外，可以用 root 账号登录 192.168.1.163 主机，运行命令"hive"，也能得到正确结果。这表明本地模式允许多用户同时访问数据库，这正是相较于内嵌模式只允许单用户登录优势所在。

4.2.4　远程模式(完全分布式 Hadoop 3.3.0 集群)安装

远程模式下，Hive 部署在真正的 Hadoop 集群之上，所有服务(Hive Metastore、HiveServer2)等分布在不同的节点上，它们各自运行在独立的服务器或虚拟机上，并连接到远程的集中式数据库(如 MySQL)存放元数据。远程模式下，需要单独启动 Metastore 服务，然后每个客户端都在配置文件里配置连接到该 Metastore 服务。远程模式的 Metastore 服务和 Hive 运行在不同的进程里。在生产环境中，建议采用远程模式来配置 Hive Metastore。在这种情况下，其他依赖 Hive 的软件都可以通过 Metastore 访问 Hive。

Hive 远程模式架构如图 4-8 所示。

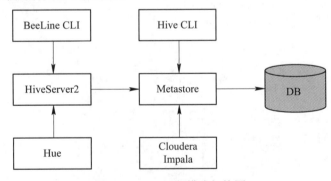

图 4-8　Hive 远程模式架构图

下面详细讲解基于完全分布式 Hadoop 3.3.0 集群的 Hive 远程模式的安装与配置。Hadoop 完全分布式集群的 3 台主机 IP 地址为分别为 192.168.1.165/24、192.168.1.166/24 和 192.168.167/24，都安装在 VM 的虚拟操作系统 CentOS 7 上，这 3 台主机分别命名为 NameNode, DataNode1 和 DataNode2。本例将 NameNode 主机作为 Hive 服务器，DataNode1 和 DataNode2 作为 Hive 客户端。

步骤 1：NameNode 主机配置。

首先从 Apache 官网(https://dlcdn.apache.org/hive/)下载 Hive 安装包，下载的版本是 apache-hive-3.1.3-bin.tar.gz，大小为 312 MB。运行如下命令进行解压：

```
#tar-zxvf apache-hive-3.1.3-bin.tar.gz –C/opt/modules/
```

NameNode 主机(192.168.1.165)配置与伪分布式主机(192.168.1.163)配置几乎完全一致，只是在涉及 IP 地址注明的地方，需注意将 IP 地址更换为 192.168.1.165。

/opt/modules/apache-hive-3.1.3-bin/conf 下的 hive-site.xml 文件配置如下：

```xml
<configuration>
    <!-- Hive Metastore 连接信息 -->
    <property>
        <name>javax.jdo.option.ConnectionURL</name>
<value>jdbc:mysql://192.168.1.169:3306/hive_metastore?createDatabaseIfNotExist=true&amp;useSSL=false</value>
    </property>
    <property>
        <name>javax.jdo.option.ConnectionDriverName</name>
        <value>com.mysql.jdbc.Driver</value>
    </property>
    <property>
        <name>javax.jdo.option.ConnectionUserName</name>
        <value>hive</value>
    </property>
    <property>
        <name>javax.jdo.option.ConnectionPassword</name>
        <value>hive</value>
    </property>
    <!-- Hadoop 与 Hive 集成配置 -->
    <property>
        <name>hive.metastore.warehouse.dir</name>
        <value>/opt/modules/Hadoop-3.3.0/warehouse</value>
    </property>
    <property>
        <name>fs.defaultFS</name>
        <value>hdfs://192.168.1.165:9000</value>
    </property>
```

步骤 2：物理主机上的 MySQL 配置。

本例已经在物理主机(IP 地址为 192.168.1.169/24)上安装好了 MySQL 5.6，其配置与在伪分布 Hadoop 集群中的操作一样。唯一区别是将 MySQL 中的 Hive 驱动包升级成为 mysql-connector-java-5.1.49.jar，而不是原来的 mysql-connector-java-5.1.23-bin.jar 包。

步骤 3：安装 Hive 客户端(DataNode1 和 DataNode2)。

由于普通账户 zspt 无法使用"scp"命令，因此以 root 账户登录 NameNode，执行以下命令：

```
[root@NameNode modules]# scp -r apache-hive-3.1.3-bin/ root@DataNode1:/opt/modules/
root@NameNode modules]# scp -r apache-hive-3.1.3-bin/ root@DataNode2:/opt/modules/
```

上述命令实现了将 NameNode 上的 Hive 安装配置文件复制到 DataNode1 主机上。然后修改 DataNode1 节点上的 Hive 配置文件 hive-site.xml，清除之前的配置，添加如下配置：

```xml
<configuration>
    <property>
        <name>hive.metastore.warehouse.dir</name>
        <value>/user/hive/warehouse</value>
    </property>
    <property>
        <name>hive.metastore.local</name>
        <value>false</value>
    </property>
    <property>
        <name>hive.metastore.uris</name>
        <value>thrift://192.168.1.165:9083</value>
    </property>
</configuration>
```

DataNode1 或 DataNode2 上的 Hive 客户端只需知道如何连接到 Metastore 服务，因此此处只需要配置 hive.metastore.uris 指向 NameNode 上的服务地址。对 DataNode2 也执行同样的操作。

> 📖 **小提示**：在配置过程中，DataNode1 和 DataNode2 上的 2 台主机也会有前述的 2 个小 bug，即 SLF4J bindings 多重绑定和 Guava 库版本不对，处理方法与 4.2.3 小节相同。

步骤 4：启动 Metastore 服务。

在 NameNode 节点中执行以下命令启动 Metastore 服务：

```
hive --service metastohive --service metastore &
```

执行上述命令后，出现如图 4-9 所示错误信息。

```
[zspt@NameNode conf]$ hive --service metastore &
[2] 8822
[zspt@NameNode conf]$ 2024-02-17 17:07:07: Starting Hive Metastore Server
org.apache.thrift.transport.TTransportException: Could not create ServerSocket on address 0.0.0.0/0.0.0.0:9083.
        at org.apache.thrift.transport.TServerSocket.<init>(TServerSocket.java:109)
        at org.apache.thrift.transport.TServerSocket.<init>(TServerSocket.java:91)
        at org.apache.thrift.transport.TServerSocket.<init>(TServerSocket.java:87)
        at org.apache.hadoop.hive.metastore.utils.SecurityUtils.getServerSocket(SecurityUtils.java:253)
        at org.apache.hadoop.hive.metastore.HiveMetaStore.startMetaStore(HiveMetaStore.java:8979)
        at org.apache.hadoop.hive.metastore.HiveMetaStore.main(HiveMetaStore.java:8854)
        at sun.reflect.NativeMethodAccessorImpl.invoke0(Native Method)
        at sun.reflect.NativeMethodAccessorImpl.invoke(NativeMethodAccessorImpl.java:62)
        at sun.reflect.DelegatingMethodAccessorImpl.invoke(DelegatingMethodAccessorImpl.java:43)
        at java.lang.reflect.Method.invoke(Method.java:498)
```

图 4-9　9083 端口被占用

日志信息显示发生错误的原因是 9083 端口被占用，运行如下命令，查看是哪个端口占用了 9083 端口：

```
[zspt@NameNode conf]$ netstat -tulpn | grep 9083
```

运行结果如图 4-10 所示。

```
[zspt@NameNode conf]$ netstat -tulpn | grep 9083
(Not all processes could be identified, non-owned process info
 will not be shown, you would have to be root to see it all.)
tcp6       0      0 :::9083                 :::*              LISTEN      8685/java
```

图 4-10　8685 进程占用了 9083 端口

运行如下命令，查看 8685 进程的具体信息：

```
[zspt@NameNode conf]$ ps -ef | grep 8685
```

运行结果如图 4-11 所示。

```
[zspt@NameNode conf]$ ps -ef | grep 8685
zspt      8685   8258  5 17:05 pts/0   00:00:36 /opt/modules/jdk1.8.0_144/bin/
=true -Dlog4j.configurationFile=hive-log4j2.properties -Djava.util.logging.confi
ng.properties -Dyarn.log.dir=/opt/modules/hadoop-3.3.0/logs -Dyarn.log.file=hado
.logger=INFO,console -Djava.library.path=/opt/modules/hadoop-3.3.0/lib/native -
oop.log.file=hadoop.log -Dhadoop.home.dir=/opt/modules/hadoop-3.3.0 -Dhadoop.id
ile=hadoop-policy.xml -Dhadoop.security.logger=INFO,NullAppender org.apache.hado
etastore-3.1.3.jar org.apache.hadoop.hive.metastore.HiveMetaStore
zspt      9095   8258  0 17:16 pts/0   00:00:00 grep --color=auto 8685
```

图 4-11　8685 进程具体信息

从图 4-11 提示信息可知，进程号为 8685 的 Java 进程正是运行 Hive Metastore 服务的实例。这很可能是之前实验过程中多次启动了 Metastore 服务而未正常关闭所致。由于需要在 NameNode(192.168.1.165)上重新启动新的 Hive Metastore 服务，并且端口 9083 已被旧的 Hive Metastore 实例占用，因此应先停止当前正在运行的 Metastore 服务。执行以下命令以停止该进程：

```
kill -15 8685
```

📖 **小提示**：这里使用的是 kill-15 参数发送 SIGTERM 信号以优雅地关闭进程。如果进程仍不终止，可以尝试采用 kill-9 参数强制结束。当然，如果不想结束当前的旧进程，另一种方案是更改 Hive Metastore 的监听端口，如用 9084 端口。

排除这些异常后，正常启动 Metastore 服务，相关进程如图 4-12 所示。

```
[zspt@NameNode conf]$ jps
8822 RunJar
3655 SecondaryNameNode
3800 ResourceManager
3945 NodeManager
9323 RunJar
9499 Jps
4572 DataNode
3566 NameNode
```

图 4-12　NameNode 主机启动 Metastore 服务后相关进程

步骤 5：验证 Hive 远程访问测试。

首先在 NameNode 主机上进入 Hive 命令行模式，执行以下命令创建 2 张表(teacher 和 student)：

```
hive> create table student(name string, id int, age int);
hive> create table teacher(name string, title string, age int);
```

创建表，如图 4-13 所示。

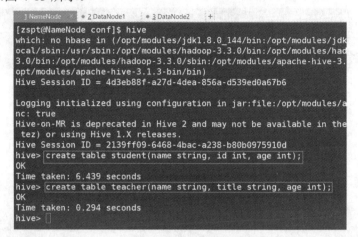

图 4-13　创建表

然后在 DataNode1 主机和 DataNode2 主机上进入 Hive 命令行模式，执行以下命令：

hive> show tables;

程序运行的过程和结果如图 4-14 所示。

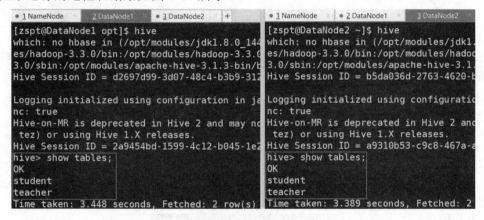

图 4-14　Hive 客户端访问服务器程序运行过程和结果

任务 4.3　Hive 应用操作

任务描述

本任务聚焦于 Hive 的应用操作。通过 Hive 命令行接口(CLI)的实践演示，掌握数据定义、加载和查询等基础操作；结合表结构设计与查询优化案例，深化对 Hive SQL 语法及MapReduce 执行逻辑的理解。同时，强调在数据处理中需关注性能调优与数据准确性，为后续复杂业务场景分析提供技术支撑。

4.3.1 Hive CLI 操作应用

在 Linux 终端输入 "hive"，即可进入 Hive CLI(命令行模式)，常见的 Hive CLI 示例如下：

(1) 创建数据库：

```
CREATE DATABASE IF NOT EXISTS my_database;
```

(2) 切换到已存在的数据库：

```
USE my_database;
```

(3) 创建表(SQL)：

```
CREATE TABLE employees (
    id INT,
    name STRING,
    department STRING,
    salary DECIMAL(10,2)
);
```

(4) 加载数据到表(SQL)：

```
LOAD DATA INPATH '/path/to/data/file.txt' INTO TABLE employees;
```

(5) 从 HDFS 路径加载(SQL)：

```
LOAD DATA INPATH 'hdfs://namenode:port/path/to/data/file.txt' INTO TABLE employees;
```

(6) 查询数据(SQL)：

```
SELECT * FROM employees LIMIT 10;
```

(7) 显示当前数据库下的所有表(SQL)：

```
SHOW TABLES;
```

(8) 添加分区(如果表是分区表)(SQL)：

```
ALTER TABLE sales ADD PARTITION (year=2022, month=01);
```

(9) 删除表或分区(SQL)：

```
DROP TABLE IF EXISTS employees;
ALTER TABLE sales DROP IF EXISTS PARTITION (year=2022, month=01);
```

(10) 更新表结构(如增加列)(SQL)：

```
ALTER TABLE employees ADD COLUMNS (address STRING);
```

(11) 执行文件中的 SQL 脚本：

```
hive -f /path/to/your/script.sql
```

(12) 查看帮助信息：

```
hive --help
hive -H
```

(13) 退出 Hive CLI：

```
quit;
```

4.3.2 Hive 表查询应用

Hive 表查询的常见应用如下：

(1) 基本的 SELECT 查询用于从表中选取指定列的数据。例如，若有一个名为 employees 的表，其中包含 id、name 和 department 3 列，则可通过以下查询获取所有员工的名字和部门信息：

```
SELECT name, department FROM employees;
```

(2) 使用星号(*)可选取表中的所有列：

```
SELECT * FROM employees;
```

(3) 在 SELECT 语句中可加入 WHERE 子句来筛选满足特定条件的记录。例如，查找工资大于 50 000 元的所有员工：

```
SELECT * FROM employees WHERE salary > 50000;
```

(4) 使用 ORDER BY 子句对查询结果进行排序。例如，按照工资升序排列员工：

```
SELECT * FROM employees ORDER BY salary ASC;
```

(5) Hive 支持多种聚合函数，如 COUNT、SUM、AVG、MAX、MIN 等，结合 GROUP BY 子句可对数据进行分组统计。例如，计算每个部门的平均薪资：

```
SELECT department, AVG(salary) as avg_salary
FROM employees
GROUP BY department;
```

(6) 在 Hive 中，可以使用 JOIN 语句将两个或多个表根据共同的列进行合并。例如，若有两个表(employees 和 departments)，其中都有 department_id 列，可将它们连接起来查看每个员工所在的部门名称：

```
SELECT e.name, d.department_name
FROM employees e
JOIN departments d
ON e.department_id = d.department_id;
```

(7) LIMIT 关键字用于限制查询结果返回的数据行数。例如，获取前 10 名薪资最高的员工：

```
SELECT * FROM employees
ORDER BY salary DESC
LIMIT 10;
```

(8) DISTINCT 关键字用于从结果集中去除重复的行。例如，获取公司所有不同的部门名称：

```
SELECT DISTINCT department
FROM employees;
```

(9) HAVING 与 WHERE 类似，但 HAVING 通常用在 GROUP BY 之后对分组后的结果集进行过滤。例如，在计算每个部门平均薪资的基础上，只显示平均薪资超过 50 000 元的部门：

```
SELECT department, AVG(salary) as avg_salary
FROM employees
GROUP BY department
HAVING AVG(salary) > 50000;
```

任务 4.4 思政教育——守护"生命数据"的 Hive 守护者

任务描述

本次思政教育的目标是通过剖析 Hive 在医疗、金融等领域的应用案例，引导建立数据隐私保护意识和技术伦理责任感；结合开源社区协作模式，倡导团队精神并培养自主创新能力，最终实现技术能力与道德素养的同步提升。

在 2020 年武汉新冠疫情期间，华中某医疗科技公司的"健康云"团队接到紧急任务：依托 Hive 技术构建疫情数据分析平台，协助疾控中心实现病例轨迹追踪与医疗资源调度。面对全市 30 多家医院每日产生的 PB 级诊疗数据，团队采用 Hive 搭建分布式数据仓库，将患者的 CT 影像报告、用药记录等异构数据统一映射并存储，并通过 HQL 快速生成疫情热力图。

然而，团队成员很快发现，部分脱敏不彻底的诊疗记录存在隐私泄露风险。为此，他们联合武汉大学信息安全团队，基于 Hive 的列级权限控制功能，创新开发了"动态脱敏＋区块链存证"双重防护机制。所有涉及患者身份证号、住址的字段均通过 UDF 函数实时加密，操作日志同步上链存证。这一方案被纳入国家《数据安全治理白皮书 6.0》，成为医疗数据合规应用的典范。

在技术攻关过程中，团队积极拥抱开源精神。他们将 Hive 元数据优化方案提交至 Apache 社区，与全球开发者协作解决了高并发查询的性能瓶颈。这种"中国方案，全球共享"的模式，不仅让系统响应速度提升了 47%，更培养了团队的国际协作能力/意识。正如项目负责人李工所言："就像 Hive 离不开 Hadoop 生态的支撑，技术创新也需要开放包容的土壤。"

这个故事启示我们，当在 Hive 中执行一条 SELECT 语句时，不仅是在处理数据，更是在守护千万人的生命尊严。技术的温度，正体现在对每一条隐私数据的敬畏之中。

课 后 习 题

一、选择题

1. 在 Hive 中，用于创建数据库的命令是(　　)。

A. CREATE DATABASE　　　　　　B. DROP TABLE

C. INSERT INTO　　　　　　　　　D. SELECT FROM

2. 下列关于 Hive 的描述错误的是(　　)。

A. Hive 支持 SQL-like 查询语言 HQL

B. Hive 底层数据存储在 Hadoop HDFS 上

C. Hive 不支持对实时数据进行快速查询和处理

D. Hive 可以实现大规模数据的离线分析

3. 以下 JOIN 操作在 Hive 中不支持的是(　　)。

A. INNER JOIN　　　　　　　　　B. LEFT OUTER JOIN

C. RIGHT OUTER JOIN　　　　　　D. FULL OUTER JOIN

4. 关于 Hive 表分区的作用，以下描述最准确的是(　　)。

A. 提高查询性能，通过缩小数据扫描范围

B. 增加数据存储容量

C. 实现数据备份

D. 改变表结构

二、填空题

1. Hive 是构建在＿＿＿＿＿＿之上的数据仓库工具。

2. 在 Hive 中，用于定义表结构的 SQL 类语句是＿＿＿＿＿＿。

3. HiveQL 支持的数据类型包括 INT、STRING、BOOLEAN 等，其中，＿＿＿＿＿数据类型用于存储日期和时间信息。

4. 当执行 Hive 查询时，默认情况下，查询结果会被存储在＿＿＿＿＿＿文件中。

三、简答题

1. 请简述 Hive 与传统关系型数据库的主要区别，并说明 Hive 适用的应用场景。

答案：

2. 请解释什么是 Hive 外部表，并举例说明其应用场景以及与内部表的区别。

项目 5 ZooKeeper 技术应用

▶▶▶ 项目导读

在 Hadoop 生态圈中，ZooKeeper 是至关重要的组件。它可为分布式应用提供高效且可靠的协调服务。本项目深入探索 ZooKeeper 技术原理，详细讲解其安装配置与命令行操作。

▶▶▶ 学习目标

❖ 理解 ZooKeeper 基本概念、体系架构、节点类型和 Watcher 机制，掌握其技术原理。

❖ 学会进行伪分布式和完全分布式 ZooKeeper 集群的安装配置。

❖ 熟练运用 ZooKeeper 命令行进行操作。

▶▶▶ 思政教育

ZooKeeper 作为开源技术，汇聚了全球开发者的智慧结晶与协作成果。在学习过程中，应秉持开发创新精神，勇于攻克技术难题；同时，强化团队协作意识，为我国 IT 产业的发展贡献力量。

任务 5.1 探索 ZooKeeper 技术原理

任务描述

本任务聚焦于 ZooKeeper 核心技术原理，从分布式协调服务的基础概念入手，系统解析其基于主从架构的通信机制。通过分析 ZooKeeper 节点类型(持久节点、临时节点等)和 Watcher 事件监听机制，阐释其在 Hadoop 生态系统中实现分布式锁、配置同步等功能的运行逻辑。

5.1.1　理解 ZooKeeper 基本概念

ZooKeeper 是一种开放源码的为分布式应用提供一致性服务的软件。作为 Google Chubby 的开源实现，ZooKeeper 是 Hadoop 和 Hbase 的核心组件，主要功能包括配置管理、域名服务、分布式同步、组服务等。

ZooKeeper 最早源于雅虎研究院的攻关项目。当时，研究团队发现，雅虎内部的很多大型系统均需依赖一个类似 ZooKeeper 的系统来进行分布式协调，但是这些系统往往都存在分布式单点故障隐患。

通常分布式系统采用主从模式，即一个主控机连接多个处理节点。主节点负责分发任务，从节点负责处理任务，当主节点发生故障时，整个系统就都瘫痪了，这种故障称作单点故障。所以，雅虎的开发人员试图开发一种通用的无单点问题的分布式协调框架，以便将精力集中在处理业务逻辑上。

5.1.2　ZooKeeper 体系架构分析

ZooKeeper 本质上是一种分布式的小文件存储系统。它提供了基于类似文件系统的目录树方式的数据存储，并且可以对树中的节点进行有效管理，从而用来维护和监控存储数据的状态变化。通过监控这些数据状态的变化，可以达到基于数据的集群管理。ZooKeeper 数据模型如图 5-1 所示。

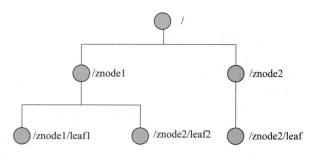

图 5-1　ZooKeeper 数据模型

每个节点称为 znode，节点名称是由斜线(/)分隔的路径元素组成的。命名空间中的每个名称(节点)都由路径标识，每个 znode 都是一个类似 KV(Key Value)的结构，每个节点名称相当于 Key，每个节点中都保存了对应的数据，类似 Key 对应的 value。每个 znode 下面都可以有多个子节点，这样一直延续便构成了类似 Linux 文件系统的架构。ZooKeeper 集群总体架构如图 5-2 所示。

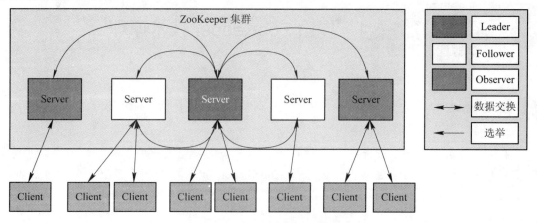

图 5-2　ZooKeeper 集群总体架构

ZooKeeper 集群中包含 Leader、Follower 及 Observer 三种角色。

(1) Leader：负责进行投票的发起和决议，更新系统状态，由集群选举产生。

(2) Follower：用于接受客户端请求并向客户端返回结果，在选举过程中参与投票。

(3) Observer：用于处理客户端读写。写请求转发 Leader，不参与投票，仅同步状态以扩展读能力。

总体来说，ZooKeeper 本身是一个集群结构，有一个 Leader 节点，负责写请求，多个 Follower 负责响应读请求。并且当 Leader 节点故障时，ZooKeeper 能够自动根据选举机制从剩下的 Follower 中选出新的 Leader。当某个 Client 通过 Watch 机制监听某个节点，且该节点发生变化(有可能是增加子节点，或者节点值发生变化等)时，ZooKeeper 就会通知监听该节点的客户端。

5.1.3 ZooKeeper 节点类型

ZooKeeper 服务端支持 7 种节点类型：持久节点、持久顺序节点、临时节点、临时顺序节点、容器节点、持久 TTL 节点和持久顺序 TTL 节点。

1．持久节点与临时节点

持久节点是用得最多、默认的节点类型。相较于持久节点，临时节点会随着客户端会话结束而被删除，通常用在一些特定的场景，如分布式锁释放、健康检查等。

2．持久顺序节点与临时顺序节点

这两种节点相对于持久节点和临时节点的特性是：ZooKeeper 会自动在这两种节点之后增加一个数字后缀。该特性能够保障节点路径的唯一性，数字后缀的应用场景可以实现诸如分布式队列、分布式公平锁等。

3．容器节点

容器节点是 ZooKeeper 3.5 以后版本新增的节点类型，只要在调用 Create 方法时指定 CreateMode 为 CONTAINER 即可创建容器的节点类型。容器节点的表现形式和持久节点是一样的，但区别是 ZooKeeper 服务端启动后，会有一个单独的线程扫描所有的容器节点。当发现容器节点的子节点数量为 0 时，会自动删除该节点，除此之外和持久节点没有区别。官方设计文档指明其适用于领导者选举、分布式锁等协调场景。

4．持久 TTL 节点与持久顺序 TTL 节点

这两种类型的节点重点是持久 TTL(Time To Live)节点，这种节点带有存活时间，当该节点无子节点时，超过了指定时间后就会被自动删除。其特性与容器节点相似，只是容器节点没有超时时间；其启用需要额外的配置(ZooKeeper.extendedTypesEnabled = true)，否则，创建 TTL 时会收到 Unimplemented 的报错。

5.1.4 ZooKeeper Watcher 机制分析

ZooKeeper Watcher 机制类似一个分布式的事件通知系统。类似在一场大型会议现场，会议室里有很多主题讨论区(对应 ZooKeeper 中的节点)，并且每位参会者都可以选择关注

自己感兴趣的特定主题(即在某个节点上注册 Watcher)。当参会者关注了一个主题后，如果这个主题有任何更新或变动(例如，节点上的数据被修改或其子节点被删除等)，会议组织者(相当于 ZooKeeper 服务端)就会立即给关注者发送简短的通知消息(Watcher 事件)。但是，这种通知是一次性的。若要持续获取变化信息，则需再次注册 Watcher。

在 ZooKeeper 中，客户端可以通过注册 Watcher 来监听服务器上的特定事件，当这些事件发生时，服务器会立即向相关客户端发送通知。这样，客户端就可以根据接收到的事件类型和内容做出相应的响应，从而实现分布式环境下的同步协调和服务发现等功能。

ZooKeeper Watcher 执行流程如图 5-3 所示。

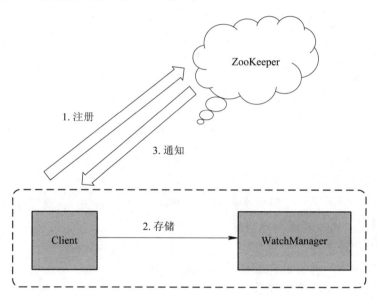

图 5-3　ZooKeeper Watcher 执行流程

如图 5-3 所示，ZooKeeper 客户端与 WatchManager 的交互流程包括以下 4 个过程。

过程 1：注册。

当客户端(Client)连接到 ZooKeeper 时，客户端会向 WatchManager 注册一个或多个 Watcher 对象。这些 Watcher 对象是客户端提供的回调函数，用于在特定事件发生时接收通知。

过程 2：存储。

当客户端注册 Watcher 时，WatchManager 就会将这些 Watcher 对象存储起来。这些对象通常会根据它们所监视的节点进行分类和管理。

过程 3：通知。

当 ZooKeeper 中的某个节点发生改变(如数据更新、创建或删除等)时，ZooKeeper 服务器会向 WatchManager 发送一个通知。WatchManager 接收到这个通知后，会查找与该节点相关的所有 Watcher 对象并触发它们。

过程 4：维护。

在图 5-3 中，云状框表示 ZooKeeper 服务端。它负责维护节点的状态信息，并在这些状态发生变化时通知 WatchManager。

任务 5.2　ZooKeeper 安装配置

任务描述

本任务实践 ZooKeeper 集群部署，涵盖伪分布式与完全分布式两种模式。伪分布式通过单机模拟多节点集群，适用于开发测试；完全分布式则需在多台服务器间配置数据同步与选举机制，体现真实生产场景的高可用性需求，同时涉及防火墙规则与端口映射等网络环境配置。

5.2.1　伪分布式 ZooKeeper 集群安装配置

伪分布模式是指在单台计算机上运行多个 ZooKeeper 实例，并组成一个集群。本例以 3 个 ZooKeeper 进程为例进行讲解。

1．下载并解压

从官网(https://zookeeper.apache.org/release.html)下载最新的稳定版 ZooKeeper，本例采用的是 3.7.2 版本，上传 apache-zookeeper-3.7.2-bin.tar.gz 压缩包至服务器后，以用户 zspt 的身份，将其解压到 /opt/modules/目录下：

```
[zspt@master softwares]$ sudo tar -zxf apache-zookeeper-3.7.2-bin.tar.gz -C /opt/modules/
```

运行如下命令创建一个软链接：

```
[zspt@DataNode1 softwares]$ cd /opt/modules
[zspt@master modules]$ sudo ln -s apache-zookeeper-3.7.2-bin/ zookeeper   #创建软链接
```

2．配置 ZooKeeper

进入 ZooKeeper 配置目录并修改配置文件，新建 3 个配置文件(zoo1.cfg、zoo2.cfg 和 zoo3.cfg)：

```
[zspt@master modules]$ cd zookeeper/conf
[zspt@master conf]$ cp zoo_sample.cfg zoo1.cfg
[zspt@master conf]$ cp zoo_sample.cfg zoo2.cfg
[zspt@master conf]$ cp zoo_sample.cfg zoo3.cfg
```

编辑 zoo1.cfg 文件：

```
[zspt@master conf]$ sudo vi zoo1.cfg
```

修改并添加如下内容：

```
dataDir=/opt/modules/zookeeper/data/zk1          #假设存在该目录，如果不存在，后面要创建
dataLogDir=/opt/modules/zookeeper/data/zk1/dataLog
clientPort=2181
server.1=192.168.1.163:2001:3001     #设置单个节点信息：2001 是 Leader 端口；3001 是选举端口
server.2=192.168.1.163:2002:3002
server.3=192.168.1.163:2003:3003
```

同理，zoo2.cfg 文件的配置内容如下：

```
dataDir=/opt/modules/zookeeper/data/zk2          #假设存在该目录，如果不存在，后面要创建
dataLogDir=/opt/modules/zookeeper/data/zk2/dataLog
clientPort=2182
server.1=192.168.1.163:2001:3001     #设置单个节点信息:2001 是 Leader 端口； 3001 是选举端口
server.2=192.168.1.163:2002:3002
server.3=192.168.1.163:2003:3003
```

zoo3.cfg 文件的配置内容如下：

```
dataDir=/opt/modules/zookeeper/data/zk3          #假设存在该目录，如果不存在，后面要创建
dataLogDir=/opt/modules/zookeeper/data/zk3/dataLog
clientPort=2183
server.1=192.168.1.163:2001:3001     #设置单个节点信息：2001 是 Leader 端口；3001 是选举端口
server.2=192.168.1.163:2002:3002
server.3=192.168.1.163:2003:3003
```

3. 创建数据目录和日志目录

若在/opt/modules/zookeeper/下创建数据目录，则需要先新建相应文件夹：

```
[zspt@master zookeeper]$ sudo mkdir -p data/zk1
[zspt@master zookeeper]$ sudo mkdir -p data/zk2
[zspt@master zookeeper]$ sudo mkdir -p data/zk3
[zspt@master zookeeper]$ sudo mkdir -p data/zk1/dataLog
[zspt@master zookeeper]$ sudo mkdir -p data/zk1/dataLog
[zspt@master zookeeper]$ sudo mkdir -p data/zk1/dataLog
```

然后在/opt/modules/zookeeper/data/zk1/目录下运行如下命令：

```
$ echo 1 > myid
```

同理，zk2 也在/opt/modules/zookeeper/data/zk2/目录下运行如下命令：

```
$ echo 2 > myid
$ echo 3 > myid
```

接下来，更改/opt/modules/zookeeper/属性，运行如下命令：

```
$ sudo chown -R zspt:zspt /opt/modules/zookeeper/
```

查看/opt/modules/zookeeper 目录资源，如图 5-4 所示。

```
[zspt@master zookeeper]$ ll
total 36
drwxr-xr-x. 2 zspt zspt  4096 Oct  6 17:50 bin
drwxr-xr-x. 2 zspt zspt   125 Feb 21 20:23 conf
drwxr-xr-x. 5 zspt zspt    39 Feb 21 20:17 data
drwxr-xr-x. 5 zspt zspt  4096 Oct  6 17:51 docs
drwxr-xr-x. 2 zspt zspt  4096 Feb 21 20:11 lib
-rw-r--r--. 1 zspt zspt 11358 Oct  6 17:50 LICENSE.txt
-rw-r--r--. 1 zspt zspt  2084 Oct  6 17:50 NOTICE.txt
-rw-r--r--. 1 zspt zspt  2214 Oct  6 17:50 README.md
-rw-r--r--. 1 zspt zspt  3570 Oct  6 17:50 README_packaging.md
```

图 5-4　/opt/modules/zookeeper 目录资源

4．设置系统变量

Java 环境正确安装后，在 JAVA_HOME 环境变量的基础上，设置 ZooKeeper 的全局系统变量：

```
[zspt@master modules]$ sudo vi /etc/profile
```

添加如下内容：

```
export ZOOKEEPER_HOME=/opt/modules/apache-zookeeper-3.7.2-bin
export PATH=$PATH:$ZOOKEEPER_HOME/bin
```

运行如下命令，刷新生效/etc/profile 文件：

```
[zspt@master modules]$ source /etc/profile
```

5．启动 ZooKeeper 服务

指定配置文件生效，运行如下命令：

```
[zspt@master zookeeper]$ zkServer.sh start   opt/modules/zookeeper/config/zoo1.cfg
[zspt@master zookeeper]$ zkServer.sh start   opt/modules/zookeeper/config/zoo2.cfg
[zspt@master zookeeper]$ zkServer.sh start   opt/modules/zookeeper/config/zoo3.cfg
```

运行结果如图 5-5 所示。

```
[zspt@master zookeeper]$ zkServer.sh start
ZooKeeper JMX enabled by default
Using config: /opt/modules/apache-zookeeper-3.7.2-bin/bin/../conf/zoo.cfg
Starting zookeeper ... STARTED
[zspt@master zookeeper]$
```

图 5-5　启动 ZooKeeper

6．检查相关进程

运行 jps 命令，查看相关进程，如图 5-6 所示。

从图 5-6 中可见，3 个 QuorumPeerMain 进程已经启动，这 3 个进程是保证 ZooKeeper 集群正常运作的核心组件，通过维护法定数量(Quorum)节点之间的通信和共识机制来提供高可用性和一致性的分布式协调服务。这表明伪集群 Hadoop 3.0 集群上的 ZooKeeper 已经安装配置成功。

```
[zspt@master conf]$ jps
9764 Jps
7237 NodeManager
2295 DataNode
6631 DataNode
7095 ResourceManager
3402 NameNode
2523 SecondaryNameNode
9467 QuorumPeerMain
6846 SecondaryNameNode
9358 QuorumPeerMain
9710 QuorumPeerMain
```

图 5-6　jps 命令检测 ZooKeeper 状态

5.2.2　完全分布式 ZooKeeper 集群安装配置

完全分布式 Hadoop 集群的环境与前述存在差异，本次实验采用 Hadoop 2.8.5 版本(因为 Hadoop 3.0 及以上版本在 ZooKeeper 集群的安装不太稳定且不太友好)：3 台虚拟主机的 IP 地址分别是 192.168.1.111/112/113，子网掩码是 255.255.255.0，机器名分别是 CentOS01、CentOS02 和 CenOS03；每个节点都已经安装好 Java 环境，并配置了 JAVA_HOME；3 台虚拟主机上都有普通用户(zspt)和超级用户(root)。

实现完全分布式 ZooKeeper 集群安装配置的主要步骤如下：

步骤 1：下载并解压。

在每个节点上下载并解压 ZooKeeper：

```
[zspt@master softwares]$ sudo tar -zxf apache-zookeeper-3.7.2-bin.tar.gz -C /opt/modules/
[zspt@DataNode1 softwares]$ cd /opt/modules
[zspt@master modules]$ sudo ln -s apache-zookeeper-3.7.2-bin/ zookeeper    #创建软链接
```

步骤 2：配置 ZooKeeper。

进入 ZooKeeper 的配置目录，修改 zoo.cfg 文件：

```
[zspt@192.168.1.16X modules]$ cd zookeeper/conf          #其中的 X 为 5、6、7，表示不同主机
[zspt@192.168.1.16X conf]$ cp zoo_sample.cfg zoo.cfg
```

编辑 zoo.cfg 文件：

```
[zspt@192.168.1.16X conf]$ sudo vi zoo.cfg
```

在 zoo.cfg 中添加或修改节点 1(NameNode)配置：

```
initLimit=10
syncLimit=5
dataDir=/opt/modules/zookeeper/data
clientPort=2181
server.1=centos01:2888:3888
server.2=centos02:2888:3888
server.3=centos03:2888:3888
```

利用"scp"命令将节点 1 上的 ZooKeeper 目录复制到节点 2(DataNode2)和节点

3(DataNode3)：

```
sudo scp -r /opt/modules/zookeeper zspt@DataNode2:/opt/modules/
sudo scp -r /opt/modules/zookeeper zspt@DataNode3:/opt/modules/
```

步骤 3：创建数据和日志目录。在每个节点上创建对应的数据和日志目录，并赋予适当权限给 zspt 用户：

```
[zspt@192.168.1.11X ~]$ sudo mkdir -p /opt/modules/zookeeper/data
#节点 1，则新建 data1 目录
#3 个主机，均改变 ZooKeeper 日志目录的属主和属组为 zspt
$ sudo chown -R zspt:zspt /opt/modules/apache-zookeeper-3.7.2-bin/
```

步骤 4：分别在每个节点创建 myid 文件。

在每个节点对应的 data 目录下创建 myid 文件，内容为该节点在 zoo.cfg 中的编号：

```
[zspt@centos01 /opt/modules/zookeeper/data]$ echo 1 > myid
[zspt@centos02 /opt/modules/zookeeper/data]$ echo 2 > myid
[zspt@centos03 /opt/modules/zookeeper/data]$ echo 3 > myid
```

步骤 5：设置系统变量。

设置 ZooKeeper 的全局系统变量：

```
[zspt@master modules]$ sudo vi /etc/profile
```

添加如下内容：

```
export ZOOKEEPER_HOME=/opt/modules/apache-zookeeper-3.7.2-bin
export PATH=$PATH:$ZOOKEEPER_HOME/bin
```

运行如下命令，刷新生效/etc/profile 文件：

```
[zspt@192.168.1.11X modules]$ source /etc/profile
```

步骤 6：启动 ZooKeeper 服务。

在每个节点启动 ZooKeeper 服务：

```
[zspt@192.168.1.11X opt/modules/zookeeper/bin]$ ./zkServer.sh start
```

由于已经设置了全局系统变量，可在任意目录下运行命令 zkServer.sh 来启动相关 zkServer.sh。

步骤 7：检查 ZooKeeper 状态。

在每个节点检查 ZooKeeper 服务是否成功启动及角色信息：

```
[Hadoop@192.168.1.11X opt/modules/zookeeper/bin]$ ./zkServer.sh status
```

完成以上步骤后，已经成功地在 Hadoop 完全分布式集群上安装并启动了一个由 3 台虚拟主机组成的 ZooKeeper 集群。下面要确保所有节点都处于在线状态，并正确地与彼此通信。

首先测试 CentOS01 主机，如图 5-7 所示。

```
[root@centos01 conf]# zkServer.sh status
ZooKeeper JMX enabled by default
Using config: /opt/modules/zookeeper-3.7.2/bin/../conf/zoo.cfg
Client port found: 2181. Client address: localhost. Client SSL: false.
Mode: follower
[root@centos01 conf]#
```

图 5-7　CentOS01 主机 ZooKeeper 角色

接下来测试 CentOS02 主机和 CentOS03 主机，如图 5-8 和图 5-9 所示。

```
[root@centos02 conf]# zkServer.sh status
ZooKeeper JMX enabled by default
Using config: /opt/modules/zookeeper-3.7.2/bin/../conf/zoo.cfg
Client port found: 2181. Client address: localhost. Client SSL: false.
Mode: leader
[root@centos02 conf]#
```

图 5-8　CentOS02 主机 ZooKeeper 角色

```
[root@centos03 dataDir]# zkServer.sh status
ZooKeeper JMX enabled by default
Using config: /opt/modules/zookeeper-3.7.2/bin/../conf/zoo.cfg
Client port found: 2181. Client address: localhost. Client SSL: false.
Mode: follower
[root@centos03 dataDir]#
```

图 5-9　CentOS03 主机 ZooKeeper 角色

由图 5-7～图 5-9 可以看出，CentOS01 和 CentOS03 主机是 Follower，而 CentOS02 主机是 Leader，这是由 ZooKeeper 的选举机制产生的。

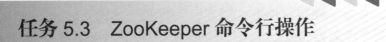

任务 5.3　ZooKeeper 命令行操作

任务描述

> 本任务通过命令行工具实操 ZooKeeper 核心功能，包括节点创建(create)、状态查询(stat)、数据读/写(get/set)及权限控制(ACL)等操作。结合 HIVE、HBASE 等组件的实际需求，模拟分布式场景下的元数据管理流程，强化对 ZooKeeper 作为"分布式系统中枢"的实践认知。

ZooKeeper 提供了一个非常简单的命令行客户端 zkCli，其位于 ZooKeeper 安装目录的 bin 目录下。输入 "./zkCli.sh" 命令默认连接本地 127.0.0.1:2181 节点，如果需要连接远程节点，可以使用 ./zkCli.sh -server ip:2181 方式进行连接。连接过程中会输出欢迎信息。连接成功后，将进入 ZooKeeper 的交互式模式。

ZooKeeper 是一种树形目录服务，具有树形的结构层次，每个节点称为 ZNode，每个节点会存储数据(不超过 1 MB)和节点信息。可以通过 ZooKeeper 的交互式模式对节点信息进行查询节点数据、查看节点状态、创建节点、修改节点数据以及删除节点等操作。

1．连接 ZooKeeper 服务器

以 CentOS02 主机为例，运行如下命令，连接到 ZooKeeper 集群(完全分布式)：

```
[root@centos02 bin]# zkCli.sh -server 192.168.1.166:2181
```

运行结果如图 5-10 所示。

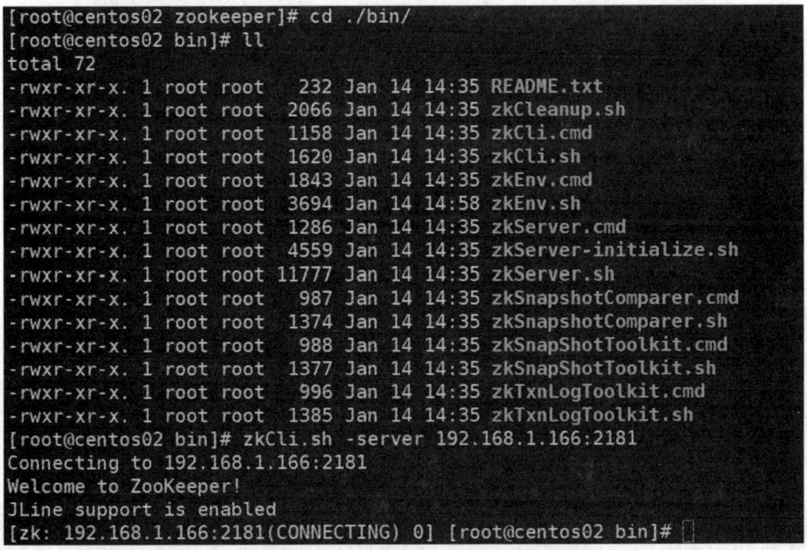

```
[root@centos02 zookeeper]# cd ./bin/
[root@centos02 bin]# ll
total 72
-rwxr-xr-x. 1 root root   232 Jan 14 14:35 README.txt
-rwxr-xr-x. 1 root root  2066 Jan 14 14:35 zkCleanup.sh
-rwxr-xr-x. 1 root root  1158 Jan 14 14:35 zkCli.cmd
-rwxr-xr-x. 1 root root  1620 Jan 14 14:35 zkCli.sh
-rwxr-xr-x. 1 root root  1843 Jan 14 14:35 zkEnv.cmd
-rwxr-xr-x. 1 root root  3694 Jan 14 14:58 zkEnv.sh
-rwxr-xr-x. 1 root root  1286 Jan 14 14:35 zkServer.cmd
-rwxr-xr-x. 1 root root  4559 Jan 14 14:35 zkServer-initialize.sh
-rwxr-xr-x. 1 root root 11777 Jan 14 14:35 zkServer.sh
-rwxr-xr-x. 1 root root   987 Jan 14 14:35 zkSnapshotComparer.cmd
-rwxr-xr-x. 1 root root  1374 Jan 14 14:35 zkSnapshotComparer.sh
-rwxr-xr-x. 1 root root   988 Jan 14 14:35 zkSnapShotToolkit.cmd
-rwxr-xr-x. 1 root root  1377 Jan 14 14:35 zkSnapShotToolkit.sh
-rwxr-xr-x. 1 root root   996 Jan 14 14:35 zkTxnLogToolkit.cmd
-rwxr-xr-x. 1 root root  1385 Jan 14 14:35 zkTxnLogToolkit.sh
[root@centos02 bin]# zkCli.sh -server 192.168.1.166:2181
Connecting to 192.168.1.166:2181
Welcome to ZooKeeper!
JLine support is enabled
[zk: 192.168.1.166:2181(CONNECTING) 0] [root@centos02 bin]#
```

图 5-10　连接到 ZooKeeper 集群

2．查询节点列表

使用"ls"命令查看 zk 路径下所有的 znode 节点，运行如下命令：

```
[zk: centos02:2181(CONNECTED) 0] ls /
```

运行结果如图 5-11 所示。

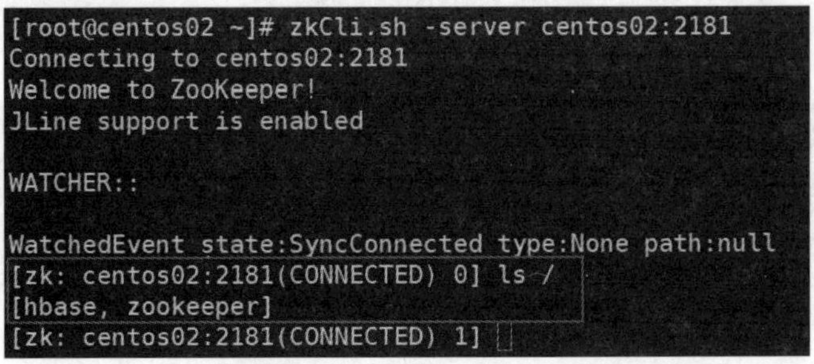

```
[root@centos02 ~]# zkCli.sh -server centos02:2181
Connecting to centos02:2181
Welcome to ZooKeeper!
JLine support is enabled

WATCHER::

WatchedEvent state:SyncConnected type:None path:null
[zk: centos02:2181(CONNECTED) 0] ls /
[hbase, zookeeper]
[zk: centos02:2181(CONNECTED) 1]
```

图 5-11　查询节点列表

从图 5-11 中可以看到，当前根目录下有 2 个节点：hbase 和 zookeeper。

3．查看节点详细信息

使用"get"命令查看 hbase 节点的详细信息。运行如下命令：

```
[zk: centos02:2181(CONNECTED) 1] get -s /hbase
```

运行结果如图 5-12 所示。

```
[zk: centos02:2181(CONNECTED) 1] get -s /hbase

cZxid = 0x400000048
ctime = Sun Jan 14 21:08:41 CST 2024
mZxid = 0x400000048
mtime = Sun Jan 14 21:08:41 CST 2024
pZxid = 0x1100000004
cversion = 59
dataVersion = 0
aclVersion = 0
ephemeralOwner = 0x0
dataLength = 0
numChildren = 13
[zk: centos02:2181(CONNECTED) 2] 
```

图 5-12　查看 hbase 节点的详细信息

"get -s /hbase"命令的作用是获取 hbase 节点的数据，并显示详细的统计信息(statistics)，包括版本号、数据长度等信息。

4．创建一个新的节点

创建一个新的节点(持久性节点)，运行如下命令：

```
[zk: centos02:2181(CONNECTED) 2] create /myFirstNode "Hello World"
```

运行结果如图 5-13 所示。

```
[zk: centos02:2181(CONNECTED) 2] create /myFirstNode "Hello World"
Created /myFirstNode
[zk: centos02:2181(CONNECTED) 3] ls /
[hbase, myFirstNode, zookeeper]
```

图 5-13　创建新节点

5．查看节点内容

运行如下命令，查看节点内容：

```
[zk: centos02:2181(CONNECTED) 4] get /myFirstNode
```

运行结果如图 5-14 所示。

```
[zk: centos02:2181(CONNECTED) 3] ls /
[hbase, myFirstNode, zookeeper]
[zk: centos02:2181(CONNECTED) 4] get /myFirstNode
Hello World
[zk: centos02:2181(CONNECTED) 5] 
```

图 5-14　查看节点内容

6．创建临时节点

创建临时节点(会话终止时自动删除)，运行如下命令：

```
[zk: centos02:2181(CONNECTED) 5] create -e /tempNode "This node will disappear when the session ends"
```

运行结果如图 5-15 所示。

```
[zk: centos02:2181(CONNECTED) 4] get /myFirstNode
Hello World
[zk: centos02:2181(CONNECTED) 5] create -e /tempNode "This node will disappear when the session ends"
Created /tempNode
[zk: centos02:2181(CONNECTED) 6] get /tempNode
This node will disappear when the session ends
```

图 5-15　创建临时节点

7. 删除节点

删除节点，运行如下命令：

[zk: centos02:2181(CONNECTED) 11] delete /myFirstNode

运行结果如图 5-16 所示。

```
[zk: centos02:2181(CONNECTED) 9] create /myFirstNode "Hello World"
Created /myFirstNode
[zk: centos02:2181(CONNECTED) 10] ls /
[hbase, myFirstNode, tempNode, zookeeper]
[zk: centos02:2181(CONNECTED) 11] delete /myFirstNode
[zk: centos02:2181(CONNECTED) 12] ls /
[hbase, tempNode, zookeeper]
```

图 5-16　删除节点

任务 5.4　思政教育——勇于创新，协作共赢

任务描述

本次思政教育的目标是引导在学习过程中秉持创新精神，勇于探索未知领域。同时，培养团队协作意识，为我国 IT 产业发展贡献自己的力量。

在分布式系统领域，ZooKeeper 的协调机制充分体现了"协作共赢"的集体主义精神。作为开源技术的代表，ZooKeeper 凝聚了全球开发者的智慧结晶，展现了开放共享的技术伦理。通过搭建 ZooKeeper 集群实践，不仅能掌握分布式协同的原理，更能理解"众人拾柴火焰高"的协作价值：正如 Hadoop 生态中 HDFS 通过多节点冗余存储实现数据安全，技术成果的实现往往依赖个体间的精密协作与信任。同时，ZooKeeper 在金融、电商等领域的广泛应用(如 eBay 的分布式锁服务)启示我们：技术创新需以服务社会需求为导向，将个人能力主动融入国家"数字中国"战略布局。学习过程中，需树立知识产权意识，严格遵守开源协议规范，培养既敢于突破技术边界又坚守职业底线的复合型人才，为我国大数据技术生态的自主可控发展贡献力量。

课 后 习 题

一、选择题：

1. 在 ZooKeeper 集群中，为了保证服务高可用性，至少需要(　　)台服务器。

A. 1　　　　　　　　B. 2　　　　　　　　C. 3　　　　　　D. 根据实际需求确定

2. 下列(　　)不是 ZooKeeper 提供的服务。

A. 数据发布/订阅　　　B. 命名服务　　　C. 分布式锁服务　　D. 全文搜索引擎

3. 当一个 ZooKeeper 节点发生故障时，客户端会收到(　　)类型的事件通知。

A. NodeCreated　　　　　　　　　B. NodeDeleted

C. NodeDataChanged　　　　　　　D. NodeChildrenChanged

E. WatcherDisconnected

4. ZooKeeper 使用(　　)一致性协议来实现数据同步。

A. Paxos　　　　　　　　　　　　B. Raft

C. ZAB (ZooKeeper Atomic Broadcast)　　D. Chubby 协议

二、填空题：

1. ZooKeeper 采用_____模型，集群中存在一个主节点(Leader)，多个从节点(Follower)。

2. ZooKeeper 中，每个 ZNode 都有一个唯一的路径标识，并且可以设置访问控制列表(ACL)，这是通过_____机制实现的。

3. ZooKeeper 为了解决分布式系统中的协调问题，提供了_____服务，它能够确保在分布式环境中对共享资源进行有序、一致和可靠的访问。

三、简答题：

1. 简述 ZooKeeper 的一致性保证以及如何处理网络分区情况下的数据一致性问题？

2. 描述 ZooKeeper 中 Watchers 的工作原理，并举例说明在实际应用场景中是如何使用的。

项目 6　HBase 数据库开发

>>> **项目导读**

　　在大数据时代，海量数据的存储与管理至关重要。HBase 数据库作为一种高效的分布式存储系统，在各领域应用广泛。本项目将深入探索 HBase 技术原理，介绍其安装配置、Shell 操作等方法，为大数据应用打下坚实基础。

>>> **学习目标**

❖ 理解 HBase 基本概念，剖析其数据库结构，明晰其与传统关系型数据库的差异。

❖ 掌握 HBase 在伪分布集群和完全分布集群模式下的安装方法，学会正确启动并排查故障。

❖ 熟练运用 HBase Shell 的常用操作。

>>> **思政教育**

　　在学习 HBase 数据库的过程中，需培养严谨的科学态度和创新精神。大数据技术的发展日新月异，我们应紧跟时代步伐，努力提升专业能力，为我国大数据产业的发展贡献智慧和力量。

任务 6.1　探索 HBase 技术原理

任务描述

　　本任务聚焦于 HBase 核心原理，通过剖析其分布式架构、数据存储模型及与传统关系型数据库的差异，理解其高并发读/写、海量数据存储的技术逻辑，为后续安装配置及操作奠定理论基础。

6.1.1　理解 HBase 基本概念

　　HBase 是一种开源、分布式和非关系型(NoSQL)数据库，特别适用于存储和检索海量的半结构化和非结构化数据。Hbase 是基于 Google 的 Bigtable 论文设计的，构建在 Hadoop

之上，利用 Hadoop HDFS(Hadoop Distributed File System)作为底层文件存储系统，并通过 ZooKeeper 实现集群的协调管理。

HBase 的主要特点如下：

(1) 面向列存储：不同于传统的关系型数据库按行存储数据，HBase 以列族(Column Family)为基本单位进行数据存储优化，利于对特定类型的数据进行快速读写和聚合查询。

(2) 横向扩展性：通过添加更多的服务器节点，HBase 可以线性地水平扩展，支持处理 PB(Petabyte)级数据。

(3) 随机实时读/写：HBase 允许用户随机访问任何数据，提供低延迟的实时读写能力，适用于实时分析和应用场景。

(4) 高可靠性：通过版本控制、自动故障恢复和数据复制机制，确保在硬件故障情况下也能保障数据的持久性和可用性。

(5) 分布式计算友好：与 Hadoop 生态系统深度集成，可以方便地与 MapReduce、Spark 等大数据处理框架集成，进行大规模的数据分析。

(6) 弱一致性模型：HBase 提供了可配置的一致性级别，可根据应用场景灵活调整一致性策略。

6.1.2 HBase 数据库结构分析

HBase 数据库的基本组成结构主要包括以下核心组件。

1. 表

HBase 的表(Table)是一种稀疏、分布式的多维有序映射。其中，键由行键(RowKey)、列族(Column Family)、列限定符(Column Qualifier)和时间戳(Timestamp)共同确定。每个表可以包含任意数量的行，并且行是按照字典顺序排列的。

HBase 表的逻辑结构和物理结构如图 6-1 所示。

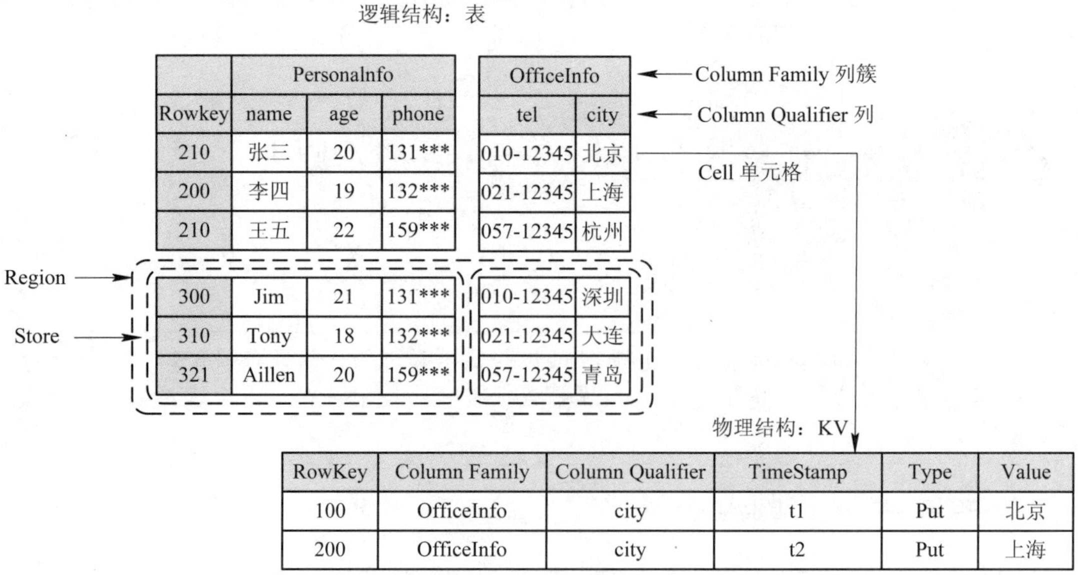

图 6-1 HBase 表的逻辑结构和物理结构

在图 6-1 所示的逻辑结构中，表被划分为不同的列族和列限定符，每个单元格(Cell)包含特定的时间戳和类型。在物理结构中，这些数据以键值对(Key Value)的形式存储，并且每个键值对都包含了行键、列族、列限定符、时间戳、类型和值等信息。

2．行键

行键(Row Key)是 HBase 中数据行的唯一标识符，用于定位存储在表中的具体行。所有行按行键的字典序排序，这样有助于优化扫描操作和范围查询。

3．列族

列族(Column Family)是 HBase 中最基本的数据组织单元。在创建表时需要预先定义列族，一个表可以有多个列族，但列族内部的具体列不需要预定义。同一列族下的所有列共享相同的存储配置。

列族作为 HBase 的核心概念和基本存储单元，具有以下特性：

(1) 支持动态扩展。Hbase 列族可以增减，而传统的关系数据库表结构定义后通常不能修改。

(2) 数据更新时会保留旧版本。这是由其底层的 HDFS 的特性决定的。HDFS 设计为追加写入数据但不支持原地修改，因此 HBase 也只能追加新数据用时间戳标记版本。

HBase 的数据组织规划是基于大数据"充分利用存储空间"的思想设计的，HBase 容忍很多数据的冗余存储。通过牺牲存储空间以追求更高的分析效率。

HBase 的列族特性如图 6-2 所示。

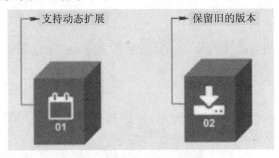

图 6-2　HBase 的列族特性

4．列限定符

在列族内部，每一列都有一个列限定符(Column Qualifier)来进一步标识数据。列限定符与实际的列名相对应，可以动态添加。

5．单元格

单元格(Cell)是 HBase 存储数据的基本单位，由行键、列族、列限定符和时间戳共同索引一个特定值。同一个单元格在不同的时间点可能有多个版本的数据，通过时间戳进行区分。

HBase 表的列限定符和单元格如图 6-3 所示。

6．时间戳

每个单元格都带有时间戳(Timestamp)，使 HBase 能够支持数据的历史版本管理。当写入相同行键、列族和列限定符的新值时，默认情况下会保留最新版本，但可以通过配置来控制历史版本的数量。

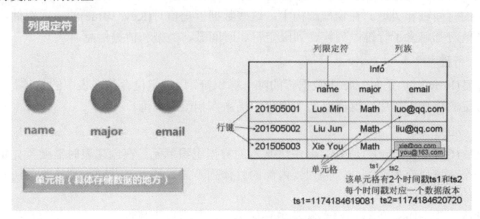

图 6-3　HBase 表的列限定符和单元格

7．Region

为支持大规模分布式存储，HBase 将表按行键区间逻辑划分为多个 Region。Region 是 HBase 物理上的数据分割单位，由 Region Server 负责管理。

8．Region Server

Region Server 是 HBase 集群中负责处理读写请求的节点，每个 Region Server 可以托管多个 Region。客户端通过与 Region Server 交互实现对数据的访问。

9．HMaster

HMaster 是 HBase 集群的主控服务，负责表和 Region 的元数据管理、Region 分配与负载均衡、故障恢复等任务。

10．ZooKeeper

ZooKeeper 作为协同服务系统，在 HBase 中用来负责维护集群状态信息、进行服务器间的心跳检测以及协助 Master 选举等任务。

整个 HBase 架构基于 Hadoop 构建，底层依赖 HDFS 提供高容错性的数据存储，并通过 ZooKeeper 实现协调服务，从而形成一个可扩展、高性能、面向列的分布式数据库系统。HBase 架构及其组件如图 6-4 所示。

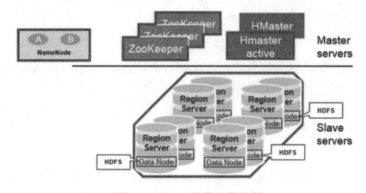

图 6-4　HBase 架构及其组件

在图 6-4 中，我们可以看到 HBase 架构中的几个关键组件，其具体功能如下：

(1) ZooKeeper：协调服务，负责维护 HBase 集群的状态信息，如 Master 节点的位置和 Region 的分配状态。

(2) HMaster：HBase 的主要管理组件，负责处理元数据查询、Region 分配和回收、Region 服务器故障检测等任务。

(3) Region Server：HBase 的数据存储节点，负责存储和处理用户数据。每个 Region Server 都可以管理多个 Region，每个 Region 都包含一个或多个表的一部分数据。

(4) NameNode：Hadoop HDFS 的主要组件，负责管理文件系统的命名空间和数据块位置信息。

(5) DataNode：HDFS 的数据存储节点，负责存储实际的数据块。

6.1.3　HBase 与传统关系型数据差异分析

HBase 与传统关系型数据库管理系统(RDBMS)在数据定位、数据模型、可扩展性、事务处理等方面存在显著的区别。

1. 数据定位

(1) RDBMS：基于关系模型，数据以表格的形式存储，并通过预定义的模式明确表结构。每个表都有固定数量的列，每列都有特定的数据类型。表之间通过外键等关系进行关联。

(2) HBase：采用列族模型，是一种面向列的存储方式。它没有固定的模式，表中可以动态添加任意数量的列，所有列都属于一个或多个列族。每行都由行键标识，每列都按照键值对的形式组织。

因此，传统数据库定位是二维的，即知道行和列就能唯一确定一个数据。而 HBase 是四维的，即由行键、列族、列限定符(列)和时间戳来定义唯一数据。HBase 与 RDBMS 数据定位如图 6-5 所示。

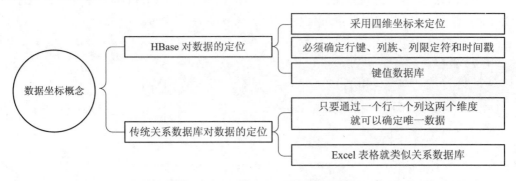

图 6-5　HBase 与 RDBMS 数据定位

2. 数据类型

(1) RDBMS：支持丰富的数据类型，包括整数、字符串、日期/时间、二进制大对象(BLOB)等，并且提供严格的类型检查。

(2) HBase：不强制数据类型，所有的数据默认都是字符串格式，用户需要自行编码和解码来处理不同类型的值。HBase 不提供内置的数据类型约束，仅保存原始字节数组，灵活性更高但缺乏类型校验机制。

3．可扩展性

(1) RDBMS：通常通过垂直扩展(增加单个服务器的硬件能力)来提高性能，对于大规模数据处理和高并发访问，扩展性有限。

(2) HBase：设计为水平扩展，可以通过增加集群中的节点数来处理大量数据和高并发读/写请求，尤其适用于大数据场景。

4．事务支持

(1) RDBMS：遵循 ACID(原子性、一致性、隔离性和持久性)原则，支持复杂的事务管理。

(2) HBase：原生不支持跨行或跨列族的 ACID 事务，但提供了单行事务(即行级别的原子性)，适用于某些弱一致性需求的应用场景。

5．查询灵活性

(1) RDBMS：支持 SQL 语言，可以执行复杂的关系运算和联结操作。

(2) HBase：查询接口相对简单，主要通过行键、列名和时间戳进行检索，不支持 SQL 标准的 JOIN 和其他复杂查询功能，但可以通过 MapReduce、Hive SQL 或其他查询引擎实现一定程度的复杂查询。

6．数据规范化

(1) RDBMS：强调数据规范化，减少冗余，维护数据的一致性。

(2) HBase：数据通常是去规范化或半结构化的，允许冗余以便快速读取，尤其是在大型分布式系统中。

7．适用场景

(1) RDBMS：适合中小规模的结构化数据存储，需要严格事务控制和复杂查询的应用。

(2) HBase：更适合大规模非结构化或半结构化数据存储(如日志文件分析、时序数据存储和全文检索等)，以及对低延迟随机读/写有较高要求的大数据应用。

任务 6.2　HBase 安装配置

任务描述

> 本任务目标为掌握 HBase 伪分布式与完全分布式集群的搭建流程，熟悉环境配置、节点协调及服务启动方法，并通过故障排除实践提升对集群运维的实操能力。

6.2.1　HBase 伪分布集群模式下安装

伪分布式 Hadoop 集群环境采用 Hadoop 2.8.5 版本，CentOS 7 虚拟主机的 IP 地址是

192.168.1.115，已经安装 JDK1.8.1_144，在该平台安装 HBase 的具体步骤如下：

步骤 1：设置 Java 环境变量(设置过程与 5.2.1 小节一样，不再赘述)。

步骤 2：下载 HBase，上传并解压安装包。选用 HBase 2.5.7 版本，安装包是 hbase-2.5.7-bin.tar.gz，上传至 CentOS 7 的 /opt/softwares/ 目录，解压目录是 /opt/modules/，运行命令如下：

```
$ sudo tar -zxf hbase-2.5.7-bin.tar.gz -C /opt/modules/
```

解压完成后，运行如下命令，建立一个软链接：

```
$ sudo ln -s /opt/modules/hbase-2.5.7 hbase
```

/opt/modules/ 目录下的内容如图 6-6 所示。

```
[root@centos01 modules]# ll
total 0
drwxr-xr-x.  8 root        root         157 Feb 22 12:05 apache-zookeeper-3.7.2-bin
drwxr-xr-x.  8 1001330000 1001330000   191 Dec  2 06:37 eclipse
drwxr-xr-x. 11 1001         1001        173 Jan  1 19:57 hadoop-2.8.5
lrwxrwxrwx.  1 root        root          12 Feb 22 10:07 hbase -> hbase-2.5.7/
drwxr-xr-x.  8 root        root         195 Feb 22 12:32 hbase-2.5.7
drwxr-xr-x.  8             10        143 255 Jul 22  2017 jdk1.8.0_144
```

图 6-6　/opt/modules/ 目录下的内容

步骤 3：配置 ZooKeeper。配置好 ZooKeeper 是配置 HBase 的前提，而配置 HBase 的方法在项目 5 中已经讲过，只是当时在 Hadoop 3.3.0 的伪分布式集群中配置，而本次实验要在 Hadoop 2.8.5 伪分布式集群中配置，ZooKeeper 使用的也是 3.7.2 版本的安装包，配置过程基本相同，此处不再赘述，仅列出主要的配置文件。

/opt/modules/zookeeper/conf/ 下的 zoo1.cfg 配置内容如下：

```
tickTime=2000
initLimit=10
syncLimit=5
dataDir=/opt/modules/zookeeper/data/zk1
dataLogDir=/opt/modules/zookeeper/logs
clientPort=2181
server.1=localhost:20881:30881
server.2=localhost:20882:30882
server.3=localhost:20883:30883
```

/opt/modules/zookeeper/conf/ 下的 zoo2.cfg 配置内容如下：

```
tickTime=2000
initLimit=10
syncLimit=5
dataDir=/opt/modules/zookeeper/data/zk2
dataLogDir=/opt/modules/zookeeper/logs
clientPort=2182
server.1=localhost:20881:30881
server.2=localhost:20882:30882
server.3=localhost:20883:30883
```

/opt/modules/zookeeper/conf/ 下的 zoo3.cfg 配置内容如下：

```
tickTime=2000
initLimit=10
syncLimit=5
dataDir=/opt/modules/zookeeper/data/zk3
dataLogDir=/opt/modules/zookeeper/logs
clientPort=2183
server.1=localhost:20881:30881
server.2=localhost:20882:30882
server.3=localhost:20883:30883
```

其中，/opt/modules/zookeeper/ 文件目录结构如图 6-7 所示。

```
[root@centos01 zookeeper]# ll
total 36
drwxr-xr-x. 2 zspt zspt  4096 Oct  6 17:50 bin
drwxr-xr-x. 2 zspt zspt   125 Feb 22 14:50 conf
drwxr-xr-x. 6 root root    68 Feb 22 12:35 data
drwxr-xr-x. 5 zspt zspt  4096 Oct  6 17:51 docs
drwxr-xr-x. 2 root root  4096 Feb 22 11:47 lib
-rw-r--r--. 1 zspt zspt 11358 Oct  6 17:50 LICENSE.txt
drwxr-xr-x. 3 root root    92 Feb 22 12:10 logs
-rw-r--r--. 1 zspt zspt  2084 Oct  6 17:50 NOTICE.txt
-rw-r--r--. 1 zspt zspt  2214 Oct  6 17:50 README.md
-rw-r--r--. 1 zspt zspt  3570 Oct  6 17:50 README_packaging.md
[root@centos01 zookeeper]# cd ./data
[root@centos01 data]# ll
total 4
-rw-r--r--. 1 root root  2 Feb 22 12:47 myid
drwxr-xr-x. 2 root root 68 Feb 22 12:47 version-2
drwxr-xr-x. 3 root root 35 Feb 22 12:42 zk1
drwxr-xr-x. 3 root root 35 Feb 22 12:42 zk2
drwxr-xr-x. 3 root root 35 Feb 22 12:42 zk3
[root@centos01 data]# cd ./zk1
[root@centos01 zk1]# ll
total 4
-rw-r--r--. 1 root root  2 Feb 22 12:09 myid
drwxr-xr-x. 2 root root 65 Feb 22 12:13 version-2
[root@centos01 zk1]#
```

图 6-7 /opt/modules/zookeeper/ 文件目录结构

步骤 4：配置 HBase 2.5.7。修改 opt/modules/hbase-2.5.7/ 目录下的 hbase-site.xml 文件，其完整配置内容如下：

```
<configuration>
  <!-- 指定 HBase 是否运行在分布式模式下，true 表示是在分布式模式下 -->
  <property>
    <name>hbase.cluster.distributed</name>
    <value>true</value>
  </property>
  <!-- 在这里，hdfs://centos01:9000/hbase 表示 HBase 的数据将存储在名为 centos01 的 Hadoop DataNode 节点(默认端口为 9000)上，目录为/hbase -->
  <!-- 在这里，centos01 的 IP 地址是 192.168.1.115，端口号是 9000，它与 HDFS 的 core-site.xml 中的 fs.defaultFS 所指定的值相同 -->
```

```
<property>
    <name>hbase.rootdir</name>
    <value>hdfs://centos01:9000/hbase</value>
</property>
<!-- 指定 ZooKeeper 数据存储目录 -->
<!-- 在这里，/opt/modules/zookeeper/data 是本地文件系统的路径，用于存放 ZooKeeper 服务所
需的持久化数据 -->
<property>
    <name>hbase.zookeeper.property.dataDir</name>
    <value>/opt/modules/zookeeper/data</value>
</property>
</configuration>
```

接下来，在 /opt/modules/hbase-2.5.7/conf/hbase-env.sh 文件中添加 JAVA_HOME 信息，
如图 6-8 所示。

```
export JAVA_HOME=/opt/modules/jdk1.8.0_144
export PATH=$JAVA_HOME/bin:$PATH
export CLASSPATH=.:$JAVA_HOME/jre/lib/rt.jar
```

图 6-8　hbase-env.sh 中添加 JAVE_HOME 信息

先设置 HBase 的全局路径系统变量，运行如下命令：

```
sudo vi /etc/profile
```

在文件中添加如图 6-9 所示信息，然后运行如下命令刷新并生效 /etc/profile 文件：

```
source /etc/profile
```

接下来，运行如下命令启动 HBase：

```
start-hbase.sh
```

最后用"jps"命令相关进程，如图 6-10 所示。

```
export JAVA_HOME=/opt/modules/jdk1.8.0_144
export PATH=$PATH:$JAVA_HOME/bin

export HADOOP_HOME=/opt/modules/hadoop-2.8.5
export PATH=$PATH:$HADOOP_HOME/bin
export PATH=$PATH:$HADOOP_HOME/sbin

export ZOOKEEPER_HOME=/opt/modules/zookeeper
export PATH=$PATH:$ZOOKEEPER_HOME/bin:$ZOOKEEPER_HOME/conf

export HBASE_HOME=/opt/modules/hbase
export PATH=$PATH:$HBASE_HOME/bin
```

```
[root@centos01 hbase]# jps
4208 DataNode
16272 Jps
14001 HMaster
4564 ResourceManager
14165 HRegionServer
13895 HQuorumPeer
4667 NodeManager
4110 NameNode
4415 SecondaryNameNode
```

图 6-9　HBASE_HOME 与 PATH　　　　图 6-10　HBase 启动后相关进程

HMaster、HRegionServer 和 HQuorumPeer 进程的功能简要阐述如下：

(1) HMaster 是 HBase 集群中的主服务器进程，主要负责表和区域(Region)的管理，包
括表的创建、删除、分裂以及 Region 的分配和负载均衡等。

(2) HRegionServer 是 HBase 集群的工作节点服务进程，每个 RegionServer 负责存储并

处理分布在多个 Region 上的数据读/写请求。

(3) HQuorumPeer 是 ZooKeeper 集群中的单个实例，由多个实例组成 ZooKeeper 集群，以确保即使部分节点失效也能提供服务。HBase 依赖 ZooKeeper Quorum 来保障服务的稳定性和高可用性。

步骤 5：验证 HBase。通过 HBase Web 管理界面的浏览器访问 http://192.168.1.115:16010，如图 6-11 所示。

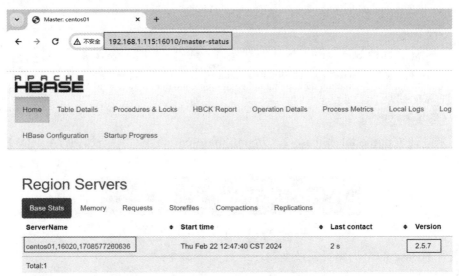

图 6-11   HBase Web UI

也可以通过访问 http:192.168.1.115:50070，查看 HDFS 中 /hbase 目录下生成的文件，如图 6-12 所示。

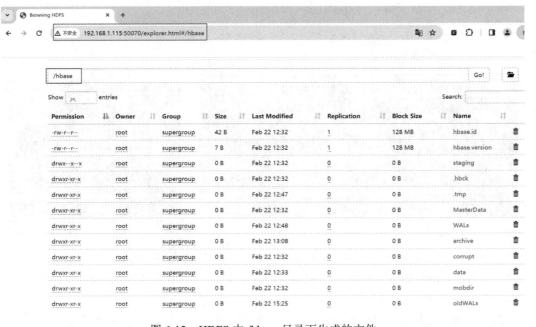

图 6-12   HDFS 中 /hbase 目录下生成的文件

还可以在 CentOS01 主机终端输入如下命令，进行"hbase shell"命令操作：

```
hbase shell
```

运行结果如图 6-13 所示。

```
Use "help" to get list of supported commands.
Use "exit" to quit this interactive shell.
For Reference, please visit: http://hbase.apache.org/2.0/book.html#shell
Version 2.5.7, r6788f98356dd70b4a7ff766ea7a8298e022e7b95, Thu Dec 14 15:59:16 PST 2023
Took 0.0013 seconds
hbase:001:0>
```

图 6-13　HBase shell 命令运行结果

6.2.2　HBase 完全分布集群模式下安装

完全分布式 Hadoop 集群基于 Hadoop 2.8.5 版本，使用 3 台 CentOS7 虚拟主机，IP 地址及角色分别是 192.168.1.111(机器名 CentOS01，角色 NameNode)、192.168.1.112(机器名 CentOS02，角色 DataNode)和 192.168.1.113(机器名 CentOS03，角色 DataNode)，下面对 IP 地址是 192.168.1.111 的这台主机进行配置，主要配置步骤如下：

步骤 1：下载 HBase，上传并解压安装包。这一步与基于伪分布式 Hadoop 集群安装一致。

步骤 2：hbase-en.sh 文件配置。修改 /opt/modules/hbase/conf 目录下的 hbase-env.sh 文件，并配置 JDK 路径。其配置的主要内容如下：

```
export JAVA_HOME=/opt/modules/jdk1.8.0_144
```

实验过程中，一般不推荐使用 HBase 自带的 ZooKeeper，因为自带的 ZooKeeper 功能往往达不到要求。因此本实验中使用项目 5 中已经安装好的 zookeeper-3.7.2。

步骤 3：hbase-site.xml 文件配置。其主要配置内容及相关注释如下：

```
<configuration>
    <!-- 配置 HBase 是否运行在分布式模式下。设置为 true 表示 HBase 将以分布式集群的方式运行，而非单机模式 -->
    <property>
        <name>hbase.cluster.distributed</name>
        <value>true</value>
    </property>
    <!-- 指定 HBase 数据存储的根目录位置。这里的值表明 HBase 的数据将存储在 HDFS 上，并且 HDFS NameNode 节点的地址是 centos01，端口为 9000，Hbase 的数据路径为/hbase -->
    <property>
        <name>hbase.rootdir</name>
        <value>hdfs://centos01:9000/hbase</value>
    </property>
    <!-- 指定 ZooKeeper 服务器的组成列表(quorum)。这里列出了 3 个组成 ZooKeeper 集群的主机名：centos01、centos02 和 centos03 -->
```

```
<property>
    <name>hbase.zookeeper.quorum</name>
    <value>centos01,centos02,centos03</value>
</property>
<!-- 指定 ZooKeeper 服务在各个服务器上的本地文件系统中的数据目录路径。当 ZooKeeper
启动时，它会在该目录下保存其持久化数据 -->
<property>
    <name>hbase.zookeeper.property.dataDir</name>
    <value>/opt/modules/zookeeper/dataDir</value>
</property>
</configuration>
```

CentOS01 主机上的 hbase-site.xml 配置完成后，运行如下命令，将其复制到其他 2 台主机：

```
$scp -r hbase-2.5.7/ root@192.168.1.112:/opt/modules/
$scp -r hbase-2.5.7/ root@192.168.1.113:/opt/modules/
```

步骤 4：启动 HBase 并测试。在 CentOS01 节点运行如下命令：

```
$start-hbase.sh
```

注意：在启动 HBase 之前，需要确定 Hadoop 集群的 Hadoop HDFS 已经启动，如果没有启动，先运行以下命令：

```
$start-dfs.sh
```

分别查看 CentOS01/02/03 这 3 台主机的 jps 进程，如图 6-14 所示。

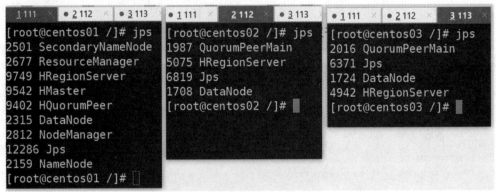

图 6-14　HBase 集群启动各个主机节点的进程列表

6.2.3　HBase 正确启动方法

在实际操作中，HBase 的正确启动流程如下：

步骤 1：启动 Hadoop 集群(包括 NameNode、DataNode、ResourceManager 和 NodeManager 等)，也可以用命令 start-dfs.sh; start-yarn.sh; 或 start-all.sh 来实现。

步骤 2：根据 HBase 配置文件 hbase-site.xml 中关于 ZooKeeper 的相关设置，启动 HBase

Master 服务。需要注意，在 Master 节点上需运行 hbase-daemon.sh start master 命令。

步骤 3：HBase 会自动发现 ZooKeeper 集群，并通过它与 RegionServer 节点进行通信和管理。

步骤 4：在适当的时候启动 RegionServer 进程，这些进程会在 HMaster 的管理下加入 Hadoop 集群并开始提供数据读/写服务。需要注意在所有节点上都应运行 hbase-daemon.sh start regionserver 命令。

注：步骤 3、4 可通过在 Master 上运行 start-hbase.sh 一次性完成。

6.2.4　HBase 启动故障排除

若在启动过程中遇到"ERROR: org.apache.Hadoop.hbase.ipc.ServerNotRunningYetException: Server is not running yet"错误提示，则主要原因是 Hadoop 集群没有正常关闭，通常有以下两种解决办法。

(1) 第一种解决办法。

① 查看 NameNode 是否在安全模式状态，运行如下命令：

```
hdfs dfsadmin -safemode get
```

运行结果若为"Safemode is OFF"，则安全模式是关闭状态；若为"Safemode is ON"，则安全模式是启用状态，需要关闭安全模式。

② 关闭安全模式，运行以下命令。

```
Hadoop dfsadmin -safemode leave
```

(2) 第二种解决办法。

① 停止 HBase 集群。

② 在配置文件 hbase-site.xml 中增加如下配置：

```
<property>
    <name>hbase.wal.provider</name>
    <value>filesystem</value>
</property>
```

③ 重启 HBase 集群，使配置生效，故障排除。

任务 6.3　HBase Shell 操作应用

任务描述

通过 HBase Shell 命令行工具，学习表的创建与数据的增、删、改、查，以及权限管理等核心操作，结合实际案例掌握 NoSQL 数据库的交互式管理技能，从而强化分布式系统操作能力。

HBase Shell 是 Apache HBase 项目提供的一个命令行接口(CLI)，用户可通过该工具与 HBase 分布式数据库进行交互。它提供了一系列的命令用于执行对 HBase 的各种操作。通过 HBase Shell，开发者可以直接在命令行环境下编写脚本或手动输入命令来管理 HBase 集群中的数据。尽管 HBase 是基于列族的 NoSQL 数据库，但是 HBase Shell 的设计有助于简化对复杂数据模型的操作，并提供了一种类似 SQL Shell 的交互方式，以方便熟悉 SQL 的用户快速上手。

通过 HBase Shell，可以完成以下常见的操作：

(1) 创建、修改和删除表结构。

(2) 插入、查询、更新和删除数据记录。

(3) 管理命名空间(Namespace)。

(4) 查看表的详细信息、状态以及分区信息(Region Server)。

(5) 执行集群管理和维护任务。

常见的 HBase Shell 操作命令如下：

(1) 启动 HBase Shell：

```
hbase shell
```

(2) 创建表：

```
# 创建一个名为 students 的表，包含两个列族：info 和 grades
create 'students', 'info', 'grades'
```

运行结果如图 6-15 所示。

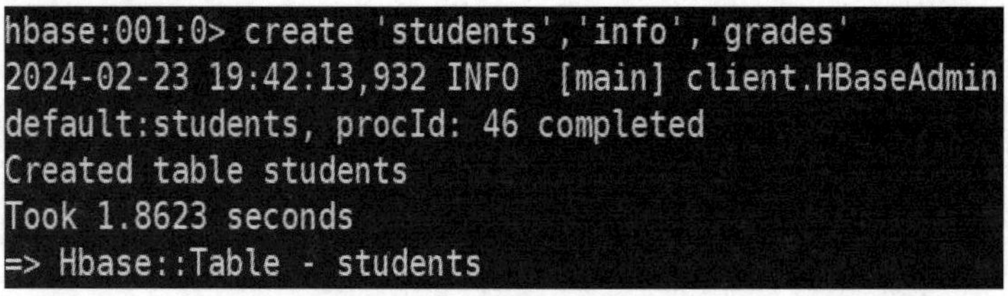

```
hbase:001:0> create 'students','info','grades'
2024-02-23 19:42:13,932 INFO  [main] client.HBaseAdmin
default:students, procId: 46 completed
Created table students
Took 1.8623 seconds
=> Hbase::Table - students
```

图 6-15　创建表

(3) 查看所有表：

```
list
```

查看结果如图 6-16 所示。

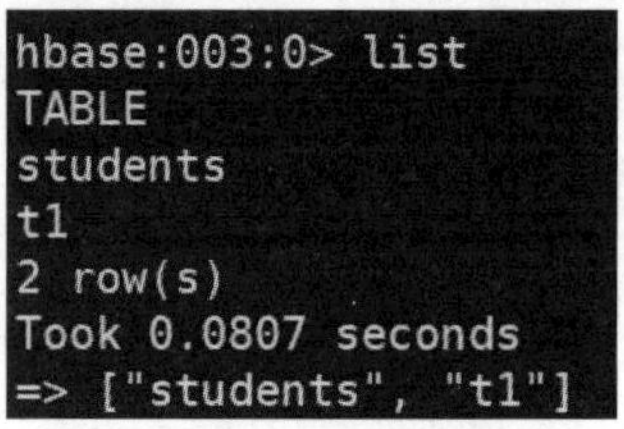

```
hbase:003:0> list
TABLE
students
t1
2 row(s)
Took 0.0807 seconds
=> ["students", "t1"]
```

图 6-16　查看所有表

(4) 显示特定表的结构：

```
describe 'students'
```

(5) 插入数据：

put 'students', '1001', 'info:name', 'John Doe'

put 'students', '1001', 'info:email', 'john.doe@example.com'

put 'students', '1001', 'grades:math', '95'

(6) 查询数据：

\# 获取行键为'1001'的所有列族数据

get 'students', '1001'

\# 获取指定列(info:name)的最新版本数据

get 'students', '1001', {COLUMN => 'info:name', VERSIONS => 1}

运行结果如图 6-17 所示。

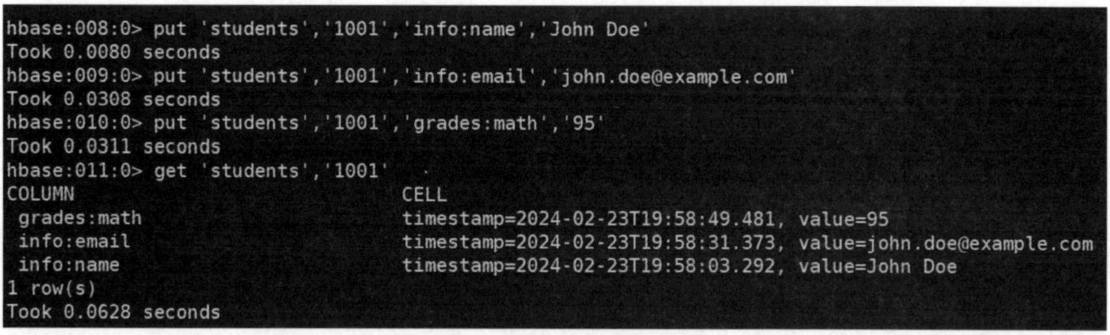

```
hbase:008:0> put 'students','1001','info:name','John Doe'
Took 0.0080 seconds
hbase:009:0> put 'students','1001','info:email','john.doe@example.com'
Took 0.0308 seconds
hbase:010:0> put 'students','1001','grades:math','95'
Took 0.0311 seconds
hbase:011:0> get 'students','1001'
COLUMN                         CELL
 grades:math                   timestamp=2024-02-23T19:58:49.481, value=95
 info:email                    timestamp=2024-02-23T19:58:31.373, value=john.doe@example.com
 info:name                     timestamp=2024-02-23T19:58:03.292, value=John Doe
1 row(s)
Took 0.0628 seconds
```

图 6-17　查询数据

(7) 扫描表：

\# 扫描整个 students 表的所有记录

scan 'students'

\# 扫描指定范围内的行键

scan 'students', {STARTROW => '1000', STOPROW => '1003'}

运行结果如图 6-18 所示。

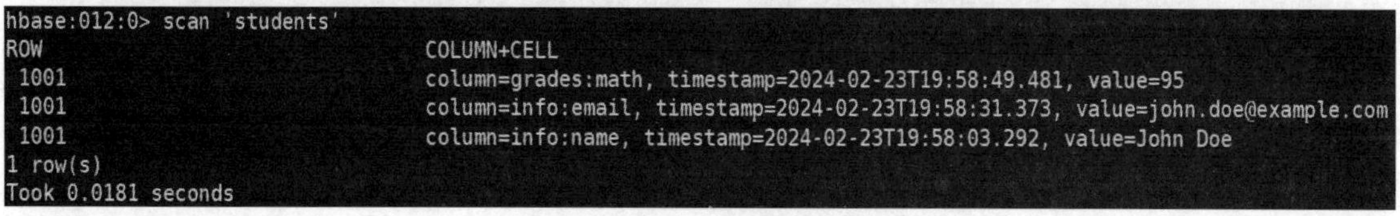

```
hbase:012:0> scan 'students'
ROW                            COLUMN+CELL
 1001                          column=grades:math, timestamp=2024-02-23T19:58:49.481, value=95
 1001                          column=info:email, timestamp=2024-02-23T19:58:31.373, value=john.doe@example.com
 1001                          column=info:name, timestamp=2024-02-23T19:58:03.292, value=John Doe
1 row(s)
Took 0.0181 seconds
```

图 6-18　扫描表

(8) 更新数据：

\# 更新'1001'行在 grades 列族中 math 列的数据为 98

put 'students', '1001', 'grades:math', '98'

(9) 删除数据：

\# 删除指定列的数据

delete 'students', '1001', 'grades:math'

\# 删除多个列的数据

```
deleteall 'students', '1001', ['info:name', 'info:email']
# 删除整行数据
delete 'students', '1001'
```

(10) 关闭并删除表：

```
# 先禁用表以确保没有正在进行的操作，然后删除表
disable 'students'
drop 'students'
```

(11) 检查表是否存在：

```
exists 'students'
```

运行结果如图 6-19 所示。

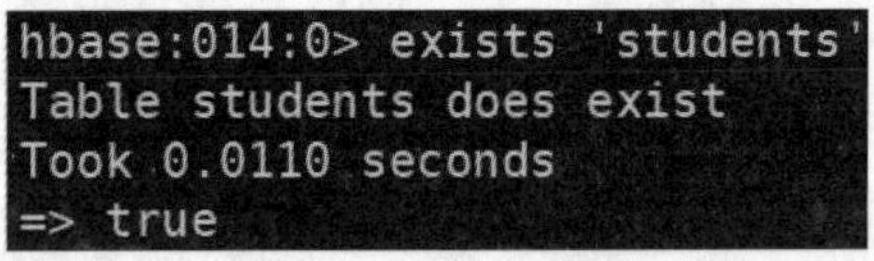

```
hbase:014:0> exists 'students'
Table students does exist
Took 0.0110 seconds
=> true
```

图 6-19　检查表是否存在

(12) 获取表的特定列族统计信息，运行如下命令：

```
# 获取'grades'列族的数据行数统计
count 'students', {COLUMNS => 'grades'}
# 获取'grades'列族更详细的统计信息，如大小、区域分布等
stats 'students', 'grades'
```

运行结果如图 6-20 所示。

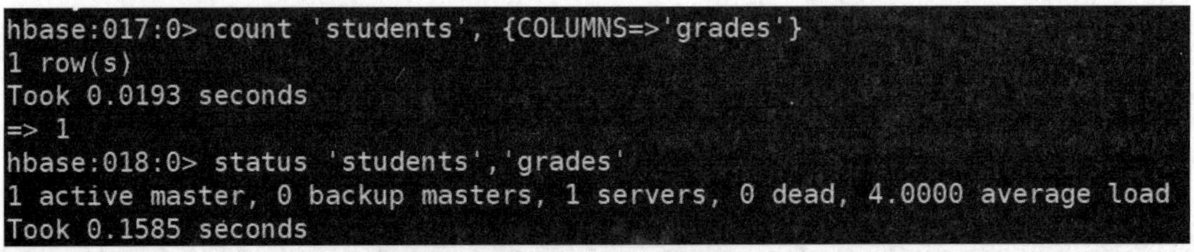

```
hbase:017:0> count 'students', {COLUMNS=>'grades'}
1 row(s)
Took 0.0193 seconds
=> 1
hbase:018:0> status 'students','grades'
1 active master, 0 backup masters, 1 servers, 0 dead, 4.0000 average load
Took 0.1585 seconds
```

图 6-20　获取表的特定列族统计信息

(13) 批量插入数据：

```
batch do
    put 'students', '1002', 'info:name', 'Jane Doe'
    put 'students', '1002', 'info:email', 'jane.doe@example.com'
    put 'students', '1002', 'grades:math', '97'
end
```

(14) 过滤查询：

```
# 扫描并返回所有在 grades:math 列值大于等于 90 的学生记录
scan 'students', {FILTER => "SingleColumnValueFilter('grades', 'math', >=, '90')"}
```

(15) 修改表结构(添加或删除列族)：

向'students'表中添加一个名为'new_cf'的新列族

alter 'students', {NAME => 'new_cf', METHOD => 'add'}

alter 'students', {NAME => 'old_cf', METHOD => 'delete'}

从'students'表中删除名为'old_cf'的列族

任务 6.4　思政教育——以技术革新书写时代篇章

任务描述

本次思政教育借助 HBase 数据库国产化研究实践案例，展现中国科技工作者从零开始突破"卡脖子"难题，以"十年磨一剑"的韧劲掌握技术话语权的奋斗历程，引导传承创新精神与家国情怀，在科技报国中践行新时代青年使命担当。

在大数据技术蓬勃发展的浪潮中，中国科技工作者以自主创新为笔，以核心技术为墨，书写着新时代的"中国好故事"。HBase 数据库作为分布式存储领域的标杆技术，其国产化研发与落地应用正是中国突破"卡脖子"难题的生动写照。从零起步搭建分布式架构，到攻克海量数据高并发处理的技术瓶颈，技术人员以"十年磨一剑"的韧劲，将技术话语权牢牢握在手中。青年学子当以这些实践为镜，既做技术创新的"追光者"，更做中国精神的"传薪人"。用代码编织梦想，以数据赋能时代发展，让世界听到中国技术的强音，这正是新时代青年的使命与担当。

课 后 习 题

一、选择题

1. 在 HBase 中，(　　)组件负责管理表和区域(Region)的元数据以及 RegionServer 的状态。

A. HMaster　　　　B. RegionServer　　　　C. ZooKeeper　　　　D. HDFS NameNode

2. 下列(　　)不是 HBase 的特点。

A. 基于 Hadoop HDFS 存储数据　　　　　　B. 支持 ACID 事务

C. 列式存储数据库　　　　　　　　　　　　D. 可水平扩展以处理海量数据

3. 关于 HBase 的数据模型，以下(　　)说法是正确的。

A. 表中的每一行都有唯一的行键，列族下的所有列都必须有固定的数据类型

B. 数据按照 Row Key、Column Family 和 Qualifier 排序存储

C. HBase 支持复杂的多表关联查询(JOIN 操作)

D. 所有数据在写入时都会立即被复制到所有副本上

4. 当需要对 HBase 表进行数据插入时，应使用以下(　　)命令。

A. create　　　　　B. get　　　　　　C. put　　　　　　D. scan

二、填空题

1. HBase 利用＿＿＿＿＿＿服务来保证集群的协调一致性和状态管理。

2. HBase 中表分区单位称为＿＿＿＿，它可以根据大小自动分裂并在 RegionServer 之间迁移。

3. 在 HBase 中，每个表由多个＿＿＿＿组成，每个列族内部包含多个版本的数据。

三、简答题

1. 描述一下 HBase 的读写路径，并解释 RegionServer 和 HMaster 在读写过程中分别扮演了什么角色。

2. 分析比较 HBase 与传统关系型数据库在数据模型、扩展性、一致性等方面的差异，并阐述 HBase 适用于哪些应用场景。

项目 7　　Scala 编程开发

▶▶▶　**项目导读**

　　Scala 作为支持面向对象与函数式编程的多范式语言，是构建 Spark 等大数据框架的核心基础。本项目从 Scala 技术原理入手，结合 CLI 操作、IDE 开发环境搭建及基础语法实践，系统讲解其在 Hadoop 生态系统中的定位与应用价值。通过典型项目案例，剖析 Scala 如何简化分布式系统的开发流程，为后续 Spark 等高级组件的学习奠定编程基础。

▶▶▶　**学习目标**

　　❖ 理论认知：掌握 Scala 语言特性、版本兼容性原理及其与 JVM 的协作机制。
　　❖ 实践技能：熟练使用 Scala CLI 和 Eclipse IDE 实现程序编译，掌握基本语法与项目管理方法。
　　❖ 工程实践：完成包含 case class、集合操作等特性的完整项目开发，理解隐式转换等高级特性。

▶▶▶　**思政教育**

　　在 Scala 技术实践中，需强化代码规范性与可维护性意识。例如，通过金融风控系统的函数式编程案例，认识代码冗余可能引发的业务风险；结合开源社区协作机制，强调遵守技术伦理与知识产权保护的重要性。最终实现从"会写代码"到"写好代码"的职业能力提升。

任务 7.1　探索 Scala 技术原理

任务描述

　　本任务聚焦于 Scala 语言的核心原理与特性。通过剖析其面向对象与函数式编程的融合特性，理解 Scala 在 Hadoop 生态中的定位；结合版本演进分析，明确不同版本对大数据框架(如 Spark)的兼容性特征，为后续开发奠定理论基础。

7.1.1　理解 Scala 基本概念

Scala(Scalable Language)即"可伸缩的语言",之所以这样命名,是因为它的设计目标就是希望伴随着用户的需求一起成长。Scala 是一门综合了面向对象和函数式编程概念的静态类型编程语言。它运行在标准的 Java 平台上,可以与所有的 Java 类库无缝协作。简单来说,Scala 是一门以 Java 虚拟机(JVM)为运行环境并将面向对象和函数式编程的最佳特性结合在一起的静态类型编程语言。注意,静态编程语言往往需要提前编译(如 Java、C、C++ 等),而动态编程语言则不需要(如 Javascript)。

Scala 功能强大,且简单容易掌握,其主要特点包括以下两个方面:

(1) Scala 是一种面向对象的语言,每个值都是对象,每个方法都是调用。在 Scala 中,所有值都是对象,包括基本类型(如 Int、Double 等)。这些基本类型在 Scala 内部被实现为 AnyVal 特质的子类,确保任何值都可以调用方法。

(2) Scala 不只是一门纯的面向对象的语言,它也是功能完整的函数式编程语言。函数式编程以两大核心理念为指导:程序中的操作应该将输入值映射为输出值,而不是当场修改数据(即方法不应该有副作用)。

7.1.2　Scala 版本选择

Scala 由瑞士洛桑联邦理工学院(EPFL)的教授马丁·奥德斯基(Martin Odersky)于 2001 年开始设计和开发,旨在改进 Java 平台的不足,开发一种能够同时支持面向对象编程和函数式编程范式的新型语言。Scala 的第一个版本于 2003 年发布。

1．Scala 的发展里程碑

Scala 在早期就因其并发模型(包括 Actor 模型)、类型系统,以及对模式匹配等高级特性的支持而受到关注。2006 年以后,随着大数据处理需求激增,Scala 凭借与 Java 的良好互操作性和高效性而逐渐被广泛应用,尤其是在 Apache Spark 项目中作为主要编程语言,显著提升了其在工业界的地位。

2．社区和生态系统

Scala 拥有快速发展的开源社区的支持,构建了一个丰富的库和框架生态系统。例如,Play Framework 用于 Web 开发,Akka 用于高并发分布式系统构建等。Scala 也促生了 Scala.js 和 Scala Native 项目,使开发者能够使用相同的语言编写 JavaScript 客户端应用或原生应用程序。

3．后续版本

2009 年至 2024 年间,Scala 持续发布了多个版本,每个版本均包含新特性、性能优化和语言规范的完善。截至 2024 年,Scala 仍然是一种活跃且不断进化的编程语言,在大规模数据处理、服务端开发以及复杂系统构建领域有着广泛的应用。

任务 7.2　Scala 程序编译

任务描述

　　本任务聚焦于 Scala 程序的编译与开发环境搭建。通过 CLI 命令行工具演示基础编译流程，并结合 Eclipse IDE 环境的配置，掌握跨平台编译技巧并提升代码调试与项目管理能力。

7.2.1　Scala CLI 操作应用

　　第一种编译工具是 Scala CLI(Scala Command Line Interface)，是用于简化 Scala 开发流程的命令行工具，由 VirtusLab 开发并开源。Scala CLI 提供了开箱即用的功能，使开发者能够更容易地创建、编译、运行单个 Scala 文件或小型项目，且无须预先配置构建工具(如 sbt 或 Maven)。

　　要使用 Scala CLI，需要先安装 Scala。以在 CentOS 7 上安装 Scala 为例，其主要步骤如下：

　　步骤 1：下载安装包。在官网(https://www.scala-lang.org/)下载相应的 Scala 安装包。本例中下载的是 scala-2.13.13.tgz 版本。

　　步骤 2：解压缩。执行以下命令，将 scala-2.13.13.tgz 解压到 CentOS 7 的/opt/modules/目录：

```
sudo tar -zxf ./scala-2.13.13.tgz   -C   /opt/modules
```

　　步骤 3：配置环境变量。其运行命令如下：

```
sudo vi /etc/profile
```

添加以下内容：

```
export   SCALA_HOME=/opt/modules/scala-2.13.13
export PATH=$PATH:$SCALA_HOME/bin
```

　　步骤 4：使配置生效。其运行命令如下：

```
source . /etc/profile
```

　　步骤 5：版本测试。其运行命令如下：

```
scala -version   #显示版本号
scala   #进入 scala CLi
```

　　步骤 6：退出。

　　如果要退出 Scala 的命令行模式，可以输入 ":q" 或 ":quit"，也可以按下 Ctrl + D 组合键。测试运行结果如图 7-1 所示。

```
[zspt@NameNode modules]$ scala -version
Scala code runner version 2.13.13 -- Copyright 2002-2024
[zspt@NameNode modules]$ scala
Welcome to Scala 2.13.13 (Java HotSpot(TM) 64-Bit Server
Type in expressions for evaluation. Or try :help.

scala> val str="Hello,Scala"
val str: String = Hello,Scala

scala> :q
[zspt@NameNode modules]$ 
```

图 7-1　Scala 测试运行结果

步骤 7：运行整段代码。若 Scala CLI 要运行一整行代码程序，则可以使用圆括号( )包裹整行代码段，如图 7-2 所示。

```
scala> {
     | val sum = (1 to 100).sum
     | println(s"1到100的和是:$sum")
     | }
1到100的和是:5050

scala> 
```

图 7-2　Scala 运行整行代码段

若 Scala CLI 要运行一行较长的代码，且需要换行，则可以使用三个双引号(" " ")表示续行续写。注意，此时不可以直接按回车键，因为按回车键表示提交 IDE 运行，如图 7-3 所示。

```
scala> val longString= """
     | Hello,
     | Scala!
     | MyFirest String
     | """
val longString: String =
"
Hello,
Scala!
MyFirest String
"

scala> 
```

图 7-3　Scala 代码续行

也可以使用反斜线(\ )进行续行一个较长的表达式或命令，这时需确保反斜线后面没有空格或其他字符，并且下一行应保持适当的缩进以提高代码的可读性。

7.2.2　Scala IDE for Eclipse 项目开发

Scala IDE for Eclipse 是基于 Eclipse 平台的集成开发环境(IDE)，专为 Scala 语言设计。

它为 Scala 开发者提供了丰富的代码编辑、调试和项目管理功能，旨在简化 Scala 程序的开发流程，并且能够与 Java 和其他 Java EE 技术无缝集成。

在官网(https://scala-ide.org/)下载相应的 Scala IDE for Eclipse 安装包，本例使用 Scala IDE for Eclipse 4.7.0 版本，如图 7-4 所示。

图 7-4　Scala IDE for Eclipse 4.7.0

该 IDE 为绿色免安装版本，解压缩后直接运行 eclipse.exe 启动 IDE，其工作界面与 Eclipse MyEclipse IDE 基本一致。

下面新建一个 Scala 项目，其流程如下：

步骤 1：新建项目。选择菜单"File→New→Scala Project"，如图 7-5 所示。

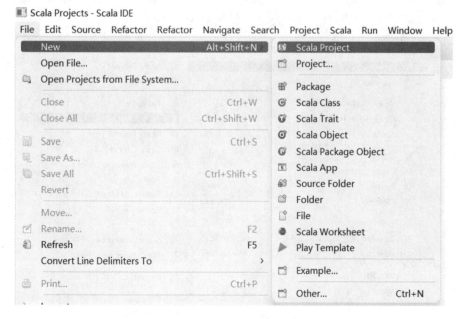

图 7-5　新建 Scala Project

步骤 2：填写项目信息。填写项目名称，然后点击"Finish"，如图 7-6 所示。

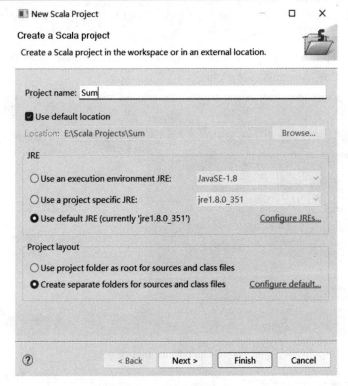

图 7-6　填写项目名称

步骤 3：新建类。右击菜单"sum→New→Scala Class"，如图 7-7 所示。

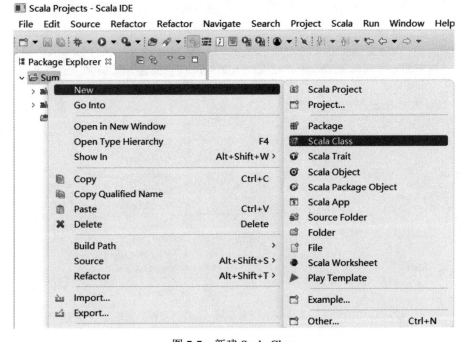

图 7-7　新建 Scala Class

新建类名为"SumCalculator"，如图 7-8 所示。

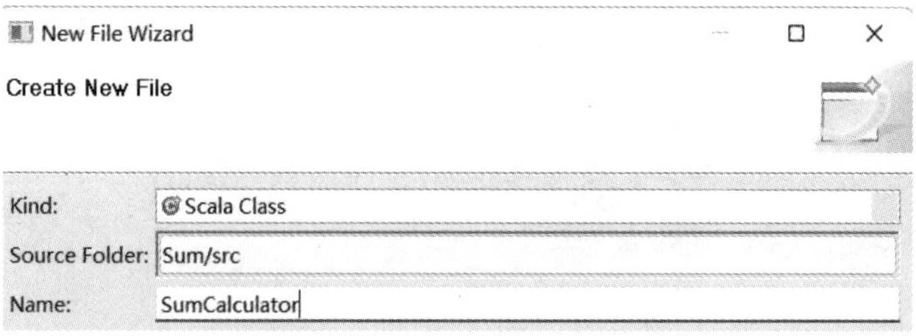

图 7-8　新建 SumCalculator 类

步骤 4：编写代码。完整的 SumCalculator.scala 代码如下：

```scala
// 定义一个用于计算数字范围和的类
class SumCalculator {
  // 定义一个方法，接收开始和结束值作为参数，返回它们之间的所有整数之和
  def calculateSum(from: Int, to: Int):
  Int = {
    (from to to).sum
  }
}

// 主函数，在这里实例化 SumCalculator 类并调用 calculateSum 方法计算 1 到 100 的和
object Main {
  def main(args: Array[String]): Unit = {
    val sumCalculator = new SumCalculator()
    val sum = sumCalculator.calculateSum(1, 100)
    println(s"1 到 100 的和是: $sum")
  }
}
```

步骤 5：编译运行，得到结果。编译运行项目，程序运行结果如图 7-9 所示。

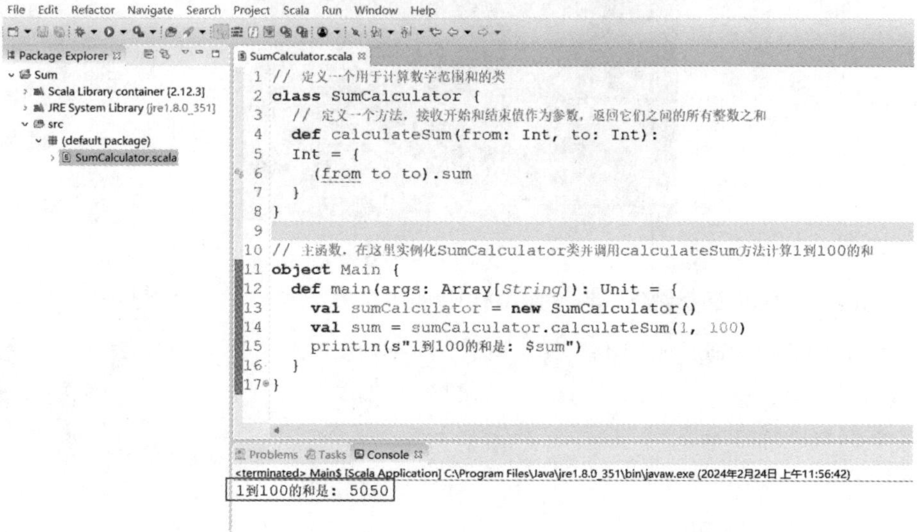

图 7-9　Scala 项目运行

任务 7.3　Scala 编程应用

任务描述

本任务以实际项目为导向，系统讲解 Scala 语法规则与编程范式。通过变量定义、集合操作和模式匹配等案例，强化函数式编程思维，并引导完成简单 Scala 项目的设计与实现，衔接大数据组件开发需求。

7.3.1　Scala 基本语法

Scala 是一种融合面向对象和函数式编程的语言，其语法兼具简洁性与灵活性，Scala 的基本语法内容如下。

1．变量声明与赋值

使用 var 声明可变变量：

```
var myVariable: Int = 10        // 声明并初始化一个可变整数变量
myVariable = 20                 // 可以重新赋值
// 等效的简写形式
var anotherVar = "Hello"        // 类型推断为 String 类型
```

运行过程如图 7-10 所示。

```
scala> var myVariable:Int=10
var myVariable: Int = 10

scala> myVariable=20
// mutated myVariable

scala> var anotherVar="Hello"
var anotherVar: String = Hello
```

图 7-10　可变变量

使用 val 声明不可变变量(常量)，使用代码如下：

```
val constantValue: Double = 3.14       // 声明并初始化一个不可变浮点数常量
//constantValue = 6.28                 // 这将导致编译错误，因为 val 声明的变量不可变
// 简写形式
val pi = 3.14159                       // 类型推断为 Double 类型
```

运行过程如图 7-11 所示。

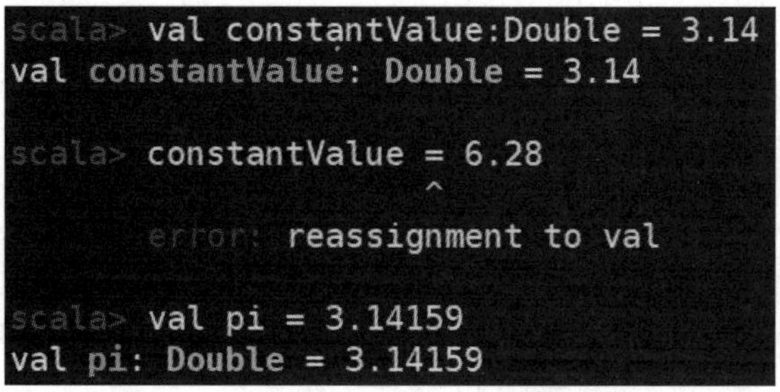

图 7-11   不可变变量(常量)

2. 数据类型

(1) 整数类型：

```
val anInt: Int = 100
```

(2) 字符串类型：

```
val aString: String = "Hello, Scala!"
```

(3) 浮点数类型：

```
val aFloat: Float = 3.14f
val aDouble: Double = 3.141592653589793
```

(4) 布尔类型：

```
val isTrue: Boolean = true
val isFalse: Boolean = false
```

运行过程如图 7-12 所示。

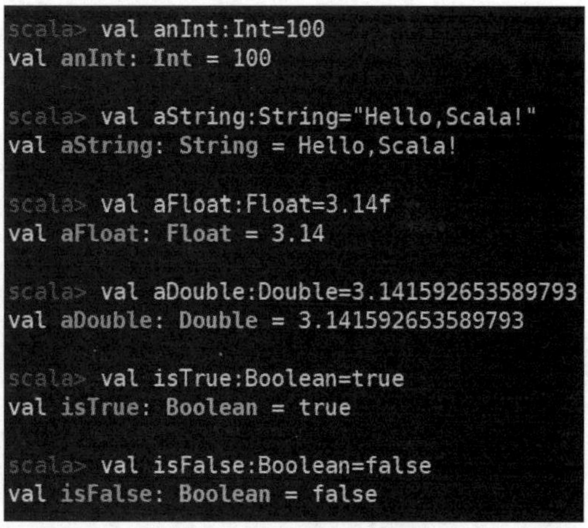

图 7-12   不同数据类型

3. 函数定义

函数定义是指通过特定语法声明代码块的过程，函数的主要作用是实现代码块的复用。

```
def add(x: Int, y: Int): Int = {
    x + y
}
```

运行与测试过程如图 7-13 所示。

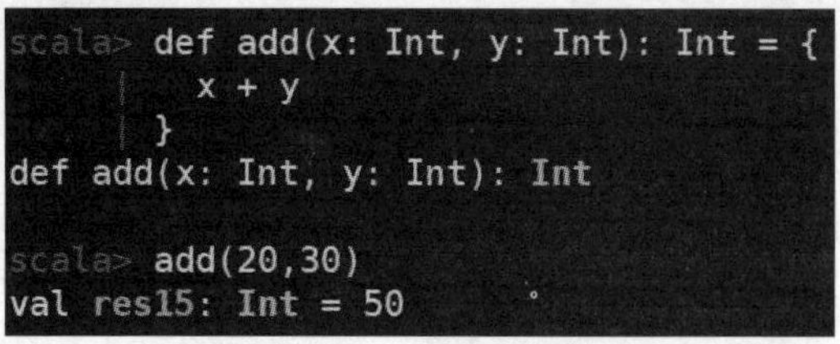

图 7-13   自定义函数 1

没有返回类型的隐式 Unit 函数：

```
def printMessage(message: String): Unit = {
    println(message)
}
```

运行与测试过程如图 7-14 所示。

```
scala> def printMessage(message:String):Unit={
         println(message)
       }
def printMessage(message: String): Unit

scala> printMessage("Hello,Scala")
Hello,Scala
```

图 7-14　自定义函数 2

4．条件语句

Scala 条件语句是程序根据特定条件的真假来决定执行不同代码块的控制结构。

```
val x: Int = -3
if (x > 0) {
    println("Positive number")
} else if (x < 0) {
    println("Negative number")
} else {
    println("Zero")
}
```

```
scala> val x: Int = -3
       if (x > 0) {
         println("Positive number")
       } else if (x < 0) {
         println("Negative number")
       } else {
         println("Zero")
       }
Negative number
val x: Int = -3
```

图 7-15　if 条件语句

运行与测试过程如图 7-15 所示。

5．循环语句

（1）for 循环遍历集合：

```
for (i <- 1 to 10) {
    println(i)
}
```

```
scala> for (i <- 1 to 10) {
         println(i)
       }
1
2
3
4
5
6
7
8
9
10
```

图 7-16　for 循环语句

运行与测试过程如图 7-16 所示。

（2）while 循环：

```
var count = 0
while (count < 5) {
    println(count)
    count += 1
}
```

```
scala> var count = 0
       while (count < 5) {
         println(count)
         count += 1
       }
0
1
2
3
4
```

图 7-17　while 循环语句

运行与测试过程如图 7-17 所示。

6．匿名函数和高阶函数

（1）匿名函数：

```
val square: Int => Int = x => x * x
```

（2）高阶函数 map 应用匿名函数：

```
val numbers = List(1, 2, 3, 4, 5)
```

```
val squaresList = numbers.map(x => x * x)
```

运行与测试过程如图 7-18 所示。

```
scala> val numbers = List(1, 2, 3, 4, 5)
     | val squaresList = numbers.map(x => x * x)
val numbers: List[Int] = List(1, 2, 3, 4, 5)
val squaresList: List[Int] = List(1, 4, 9, 16, 25)
```

图 7-18　匿名函数和高阶函数测试

7. 类和对象

(1) 定义一个类：

```
class Person(name: String, age: Int) {
    def introduceYourself(): Unit = {
        println(s"My name is $name and I am $age years old.")
    }
}
```

(2) 创建一个 Person 对象实例：

```
val person = new Person("Alice", 30)
person.introduceYourself()
```

运行与测试过程如图 7-19 所示。

```
scala> class Person(name: String, age: Int) {
         def introduceYourself(): Unit = {
             println(s"My name is $name and I am $age years old.")
         }
       }
class Person

scala> val person = new Person("Alice", 30)
         person.introduceYourself()
My name is Alice and I am 30 years old.
val person: Person = Person@6f2912c5
```

图 7-19　类和对象测试

上述示例定义了一个名为 Person 的类，该类具有两个构造参数：name(类型为 String)和 age(类型为 Int)。同时，这个类有一个实例方法 introduceYourself()，用于打印出个人的姓名和年龄。

接着，创建了 Person 类的一个实例，并赋值给变量 person，输入"Alice"作为名字和 30 作为年龄。最后，调用 person.introduceYourself() 方法，输出 "My name is Alice and I am 30 years old."，从图 7-19 可以看到，代码执行正确且符合预期。val person: Person = Person@6f2912c5 是 Scala 对象的哈希值表示，用来唯一标识这个对象实例。

8. 模式匹配

Scala 模式匹配是一种强大的控制流程结构，用于检查值是否符合特定模式，并根据匹配结果执行对应逻辑。

```
sealed trait Animal
case class Dog(name: String) extends Animal
```

```
case class Cat(name: String) extends Animal
def describe(animal: Animal): Unit = animal match {
    case Dog(n) => println(s"$n is a dog.")
    case Cat(n) => println(s"$n is a cat.")
}
```

运行与测试过程如图 7-20 所示。

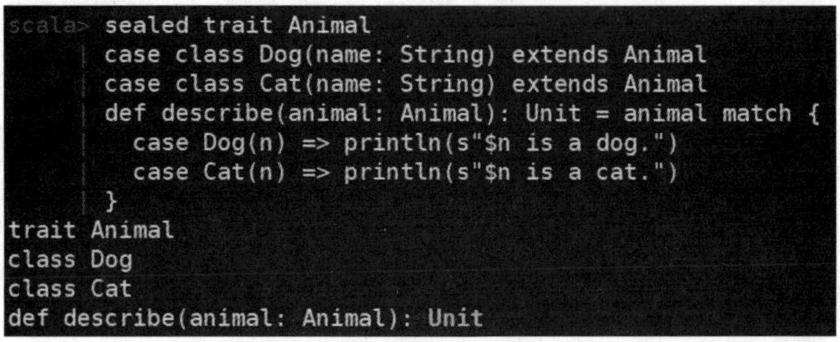

图 7-20　模式匹配定义

上述示例中定义了一个密封特质 Animal，并创建了两个具体子类：Dog 和 Cat。每个子类都有一个名为 name 的参数，类型为 String。Animal 中定义了一个方法 describe，接受一个 Animal 类型的参数，并使用模式匹配来判断传入的具体动物类型，然后打印出相应的描述信息。

接下来实例化一个 Dog 或 Cat 对象，并将其传递给 describe 函数，将看到预期的输出，运行如下命令：

```
val myDog = Dog("Buddy")
val myCat = Cat("Whiskers")
describe(myDog)
describe(myCat)
```

测试结果如图 7-21 所示。

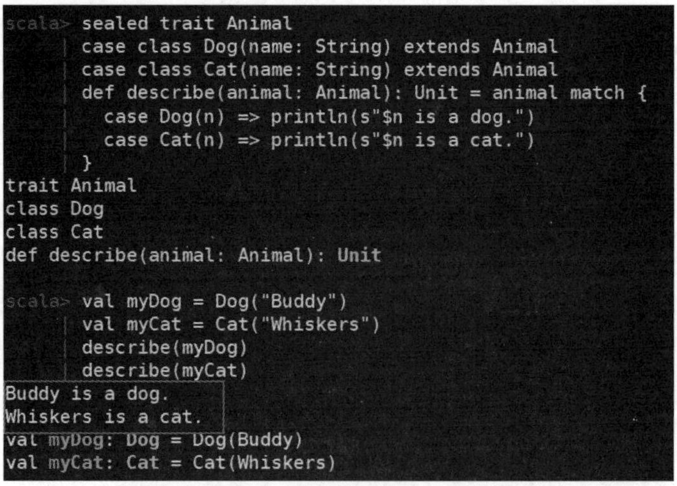

图 7-21　模式匹配输出结果

9. 数组

数组(Array)在 Scala 中是固定大小的，可以存储相同类型的数据，并且允许进行索引访问，运行命令如下：

```scala
// 声明并初始化一个 Int 类型的数组
val numbersArray = Array(1, 2, 3, 4, 5)
println(numbersArray(0))
val firstThreeElements = numbersArray.slice(0, 3)
println(s"First three elements are: $firstThreeElements")
// 创建一个空数组并在之后添加元素
val emptyArray = new Array[Int](5)
emptyArray(0) = 1
```

程序运行及测试结果如图 7-22 所示。

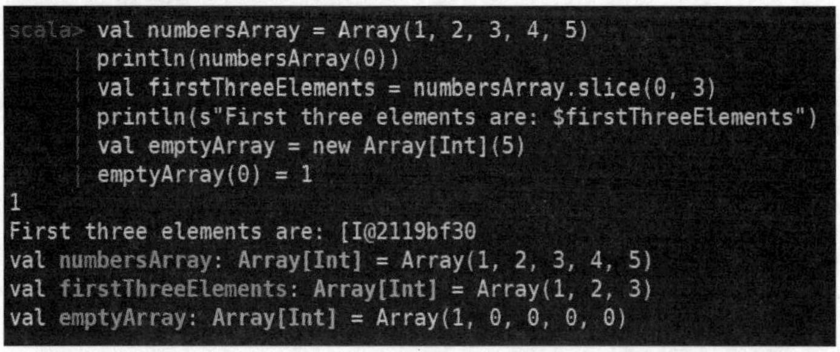

图 7-22　数组测试 1

上述代码执行结果如下：

首先，打印 numbersArray 的第一个元素(索引为 0)，输出为：1。然后，创建一个名为 firstThreeElements 的新数组(包含 numbersArray 中的前 3 个元素)，并打印出来。但是，在 REPL 中的输出 [I@2119bf30 并不是期望的结果，这是因为默认情况下，Scala REPL 直接打印数组对象时会显示其内存地址(哈希码)。

如果想要正确打印数组内容，应使用 mkString 方法将数组转换为字符串，运行命令如下：

```scala
println(s"First three elements are: ${firstThreeElements.mkString(", ")}")
```

重新测试运行结果如图 7-23 所示。

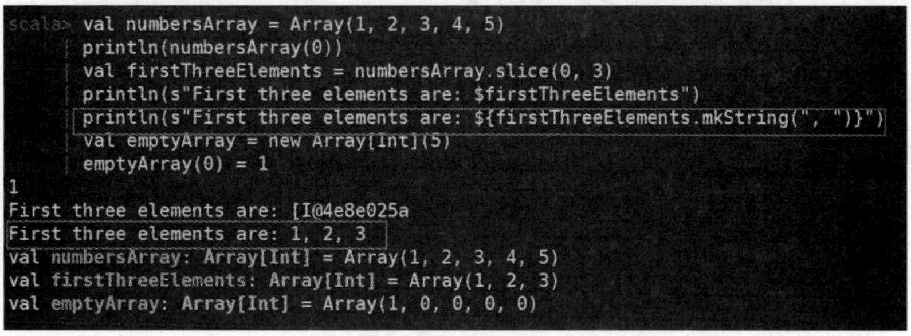

图 7-23　数组测试 2

10. 元组

元组(Tuple)是一种固定长度、类型异构不可变的集合，运行命令如下：

```scala
// 定义一个包含多种类型的元组
val personInfo: (String, Int, Boolean) = ("Alice", 30, true)
// 访问元组中的元素
println(personInfo._1)
println(personInfo._2)
println(personInfo._3)
```

程序运行及测试结果如图 7-24 所示。

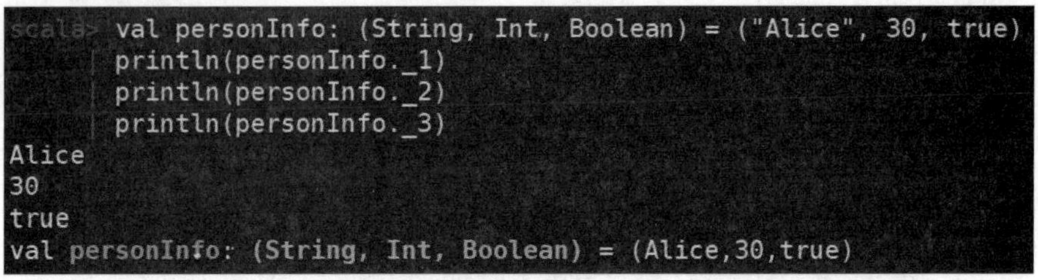

```
scala> val personInfo: (String, Int, Boolean) = ("Alice", 30, true)
       println(personInfo._1)
       println(personInfo._2)
       println(personInfo._3)
Alice
30
true
val personInfo: (String, Int, Boolean) = (Alice,30,true)
```

图 7-24　元组

11. 列表

列表(List)是 Scala 中常见的不可变序列类型，它保证了元素插入顺序，并提供了丰富的函数式编程操作，运行命令如下：

```scala
// 创建一个 List
val numbersList = List(1, 2, 3, 4, 5)
// 使用预定义的函数
println(numbersList.tail)           // 输出：List(2, 3, 4, 5)
println(numbersList.headOption)     // 输出：Some(1)
```

程序运行及测试结果如图 7-25 所示。

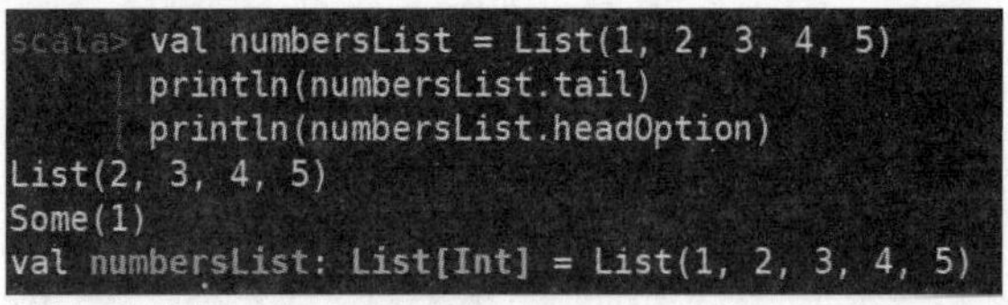

```
scala> val numbersList = List(1, 2, 3, 4, 5)
       println(numbersList.tail)
       println(numbersList.headOption)
List(2, 3, 4, 5)
Some(1)
val numbersList: List[Int] = List(1, 2, 3, 4, 5)
```

图 7-25　列表

12. 集合

集合(Set)是一不包含重复元素且无序的集合，运行命令如下：

```scala
// 创建一个 Set
val uniqueNumbersSet = Set(1, 2, 2, 3, 4, 4, 5)
// 集合操作
println(uniqueNumbersSet + 6)
println(uniqueNumbersSet.contains(3))      // 输出：true
```

程序运行及测试结果如图 7-26 所示。

```
scala> val uniqueNumbersSet = Set(1, 2, 2, 3, 4, 4, 5)
       println(uniqueNumbersSet + 6)
       println(uniqueNumbersSet.contains(3))
HashSet(5, 1, 6, 2, 3, 4)
true
val uniqueNumbersSet: scala.collection.immutable.Set[Int] = HashSet(5, 1, 2, 3, 4)
```

图 7-26　集合

7.3.2　Scala project

下面用 Scala IDE for Eclipse 创建一个项目：求解斐波那契数列。

步骤 1：新建项目 getFibonacciValue，如图 7-27 所示。

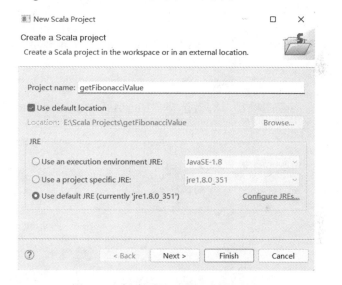

图 7-27　新建项目 getFibonacciValue

步骤 2：项目中新建 Scala 类——fibo，如图 7-28 所示。

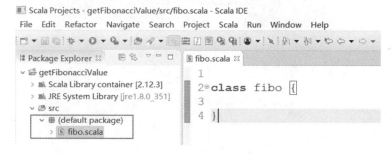

图 7-28　新建 Scala 类

步骤 3：编写相关代码。fibo.scala 具体代码如下：

```
object Fibonacci {
    // 定义一个名为 fib 的函数，它接受一个整数 n 作为参数，并返回一个 BigInt 类型的值
```

```scala
// BigInt 是 Scala 中的一个类型，用于处理非常大的整数，因为斐波那契数列的值增长很快
def fib(n: Int): BigInt = n match {
  case 0 => 0          // 如果 n 是 0，则返回 0，因为斐波那契数列的第一个数是 0
  case 1 => 1          // 如果 n 是 1，则返回 1，因为斐波那契数列的第二个数是 1
  case _ => fib(n-1) + fib(n-2)  // 对于 n 大于 1 的情况，递归地调用 fib 函数来计算前两个斐
                                 // 波那契数的和
  }
}
object FibonacciApp {
def main(args: Array[String]): Unit = {
val position = args(0).toInt
// 调用 Fibonacci 对象的 fib 方法来计算指定位置的斐波那契数
// 然后使用 println 函数将结果输出到控制台
println("第 " + position + " 个斐波那契数为：" + Fibonacci.fib(position))
  }
}
```

步骤 4：编译运行。点击项目，右键选择"Run As→Run Configurations...", 如图 7-29 所示。

图 7-29　Run Configuration

步骤 5：设置 args(0)。在 Program arguments 标签页设置程序参数 4，求第 4 个斐波那契数，如图 7-30 所示。

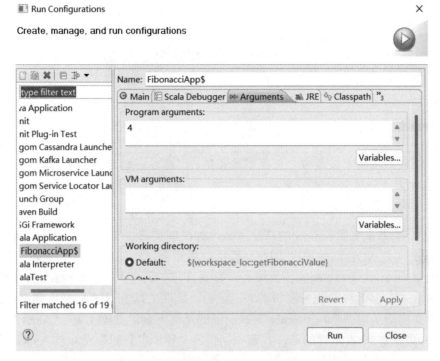

图 7-30　设置 args(0)=4

步骤 6：运行程序，得到结果，结果如图 7-31 所示。

```
Scala Projects - getFibonacciValue/src/fibo.scala - Scala IDE
File  Edit  Refactor  Navigate  Search  Project  Scala  Run  Window  Help

Package Explorer ☒            fibo.scala ☒
  getFibonacciValue            1  object Fibonacci {
    Scala Library container [2.12.3]   2    // 定义一个名为fib的函数，它接受一个整数n作为参数，并返回一个BigInt类型的值
    JRE System Library [jre1.8.0_351]  3    // BigInt是Scala中的一个类型，用于处理非常大的整数，因为斐波那契数列的值增长很快
    src                        4    def fib(n: Int): BigInt = n match {
      (default package)        5    case 0 => 0 // 如果n是0，则返回0，因为斐波那契数列的第一个数是0
        fibo.scala             6    case 1 => 1 // 如果n是1，则返回1，因为斐波那契数列的第二个数是1
                               7    case _ => fib(n-1) + fib(n-2) // 对于n大于1的情况，递归地调用fib函数来计算前两个斐
                               8    }
                               9  }
                              10  object FibonacciApp {
                              11  def main(args: Array[String]): Unit = {
                              12  val position = args(0).toInt
                              13  // 调用Fibonacci对象的fib方法来计算指定位置的斐波那契数
                              14  // 然后使用println函数将结果输出到控制台
                              15  println("第" + position + " 个斐波那契数为：" + Fibonacci.fib(position))
                              16  }
                              17 }

Problems  Tasks  Console ☒
<terminated> FibonacciApp$ [Scala Application] C:\Program Files\Java\jre1.8.0_351\bin\javaw.exe (2024年2月24日 下午6:05:31)
第 4 个斐波那契数为：3
```

图 7-31　运行程序

任务 7.4　思政教育——从"东方明珠"到 Apache 社区的星辰大海

任务描述

本次思政教育将技术实践与价值观塑造相结合，通过分析 Scala 在开源社区(如 Apache 项目)中的协作案例，理解技术伦理与开源精神，结合国产化技术生态的发展，培养自主创新与团队协作的职业素养。

2023 年，上海某大数据企业的研发团队接到国家某重点实验室的委托：基于 Apache Kyuubi(开源分布式 SQL 网关)构建国产化数据分析平台，需突破高并发场景下 Spark SQL 引擎的性能瓶颈。团队选择 Scala 作为核心开发语言，这不仅因为其与 Spark 的天然兼容性，更看重其函数式编程对复杂业务逻辑的表达能力。团队立即在 JIRA 社区建立了技术讨论组，用全英文提交了包含 50 个 Scala 测试用例的复现方案，并附上基于 Akka 框架重构的 PR(代码合并请求)。令人惊喜的是，方案中创新的"异步事务树"设计被 Apache 基金会采纳，成为 Kyuubi 1.7 版本的核心特性。

值得称道的是，团队将社区协作经验反哺国产生态。他们以 Kyuubi 为底座，结合国内银行业需求开发出"朱雀"SQL 网关，其动态编译优化算法使日均亿级查询的响应速度提升 36%。该成果被纳入《金融信息技术创新白皮书》，代码的 35%以 Apache 协议回馈社区。项目负责人张工在邮件中写道："就像 Scala 的隐式转换连接着不同数据类型，开源精神正连接着全球开发者——我们的每行代码，既是给社区的情书，也是写给中国技术生态的未来宣言。"

当我们在 Scala 中写下 val 定义不可变变量时，不仅是在编写程序，更是在用代码诠释"开放共享、协作创新"的科技价值观。从浦江之滨到 Apache 的星空，中国开发者正以技术伦理为舟、开源精神为桨，驶向自主创新的星辰大海。

课 后 习 题

一、选择题

1. 在 Scala 中，(　　)关键字用于声明不可变变量。

A. val　　　　　　B. var　　　　　　C. const　　　　　　D. mutable

2. 下列(　　)集合在 Scala 中是不可变的，并且元素没有重复。

A. List　　　　　　B. ArrayBuffer　　　　C. Set　　　　　　D. HashMap

3. 以下(   )表达式表示一个匿名函数，接受一个整数参数并返回其平方。

A. (x: Int) => x * x   B. fun(x) = x^2

C. int.square()   D. def squareOf(x): Int = x * x

二、编程题

1. 编写一个 Scala 程序：计算给定列表中所有数字的平均值。

2. 编写一个 Scala 程序：实现一个简单的 BankAccount 类，具有存款、取款以及查询余额的方法。

3. 编写一个 Scala 函数：该函数接受一个整数列表作为参数，并返回一个新的列表，新列表中的元素是原列表中相邻元素的和。

项目 8　Spark 技术应用

项目导读

在大数据处理领域，Hadoop 虽已占据重要地位，但在面对实时性要求较高的场景时略显不足。Spark 技术应运而生，它凭借高效的内存计算能力，为大数据实时处理提供了强大支持。本项目任务聚焦于 Spark 技术，全面介绍其核心概念、架构及运行原理。深入探讨 Spark Core、Spark SQL、Spark Streaming 等组件，结合实际案例阐述如何运用 Spark 高效处理大规模数据。

学习目标

❖ 理解 Spark 基本概念，掌握其体系架构。

❖ 学会不同模式下 Spark 的安装配置方法，包括 Standalone 模式和 Hadoop YARN 模式。

❖ 熟练运用 Spark-submit、Spark Shell 及 Spark RDD 等命令进行应用操作。

思政教育

在学习 Spark 技术过程中培养创新精神和科学态度。学习 Spark 研发团队勇于突破传统，开创高效计算模式。同时，提升自主学习与实践能力，将个人发展与国家大数据产业进步相结合，为推进数字中国建设贡献技术力量。

任务 8.1　探索 Spark 技术原理

任务描述

本任务聚焦于 Spark 核心原理，从基本概念到架构设计，理解其内存计算、弹性数据集的优势，并掌握任务调度、容错机制等技术机制，为后续实践奠定理论基础。

8.1.1 理解 Spark 基本概念

Apache Spark 是一种开源的分布式并行计算框架，专为大规模数据处理而设计。Spark 最初由加州大学伯克利分校的 AMPLab 开发，并在 2010 年开源后迅速发展成为 Apache 软件基金会下的顶级项目之一。Spark 的主要特点是提供了内存计算技术，其在处理大数据时速度显著快于传统的基于磁盘的系统(如 Hadoop MapReduce)，特别适合迭代式算法和交互式数据挖掘。

Spark 的核心是一个统一的大数据处理引擎，能够支持批处理、流处理、机器学习、图形计算等多种计算范式。其主要组件包括：

(1) Spark Core：作为基础层，提供任务调度、内存管理、故障恢复等基本功能。

(2) Spark SQL：用于结构化数据处理和 SQL 查询，提供 DataFrame 和 Dataset API，可以与 Hive 进行集成。

(3) Spark Streaming：实现对实时数据流的处理，支持高吞吐量的微批处理。

(4) MLlib：Spark 的机器学习库，包含一系列算法和实用工具，便于开发人员构建和运行机器学习工作流。

(5) GraphX：用于图计算和图形并行处理的库。

Spark 的核心组件与集群管理系统如图 8-1 所示。

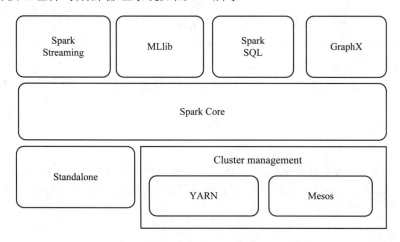

图 8-1 Spark 核心组件与集群管理系统

从图 8-1 中可以看出，Spark Core 是所有组件的基础；Cluster management 是 Spark 的集群管理组件，它主要有 YARN 和 Mesos 两种管理器，其中 YARN 是常用的集群管理器，而 Mesos 是通用集群管理器，但它正逐步被 Spark 官方弃用。它提供了基本的计算框架和 API。Spark Streaming、MLlib、Spark SQL 和 GraphX 是 Spark 的四个主要应用领域，它们分别用于实时流处理、机器学习、结构化数据处理和图计算。此外，Spark 还支持 Standalone、YARN 和 Mesos 三种集群管理系统，以适应不同的部署环境。

Spark 支持多种编程语言(Scala、Java、Python、R)，如图 8-2 所示。其中，DataFrame API 是用于处理结构化数据的主要接口，DataFrame API 之下是 Spark Core，再往下是 Data Source API，通过它 Spark 可以连接到各种数据源，如 Hadoop、HBase、Cassandra、MySQL 等。

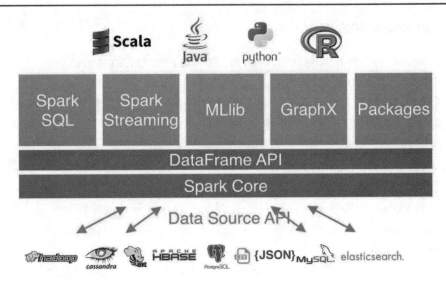

图 8-2   Spark 组件及其编程语言支持

8.1.2   Spark 体系架构分析

1. 架构核心组件

Spark 是一种分布式的大数据处理框架，其架构设计包括以下核心组件：

(1) Cluster Manager：负责维护资源的管理和分配，可以是 Spark 自带的资源管理器，也可以是 YARN 或 Mesos 等资源管理框架。

(2) Worker Node：负责分区任务的执行，每个 Worker 节点上运行一个或多个 Executor 进程。

(3) Driver Program/Driver：任务的控制节点，负责资源申请、任务监控与分配。在 Spark 中，用户编写的程序首先通过 Driver 节点提交给集群。

(4) Executor：负责运行组成 Spark 应用的任务，并将结果返回给 Driver 进程。Executor 中有一个 BlockManager 存储模块，可以将内存和磁盘共同作为存储设备，用于存储中间结果。

2. 基本单位

Spark 的架构设计可以分为以下基本单位：

(1) Application：一个应用由一个任务控制节点(Driver)和若干个作业(Job)构成，一个作业由多个阶段(Stage)构成，一个阶段由多个任务(Task)组成。

(2) Job：用户编写的 Spark 应用程序，提交给集群后，会被分解成多个 Job。

(3) Stage：作业的基本调度单位，一个作业会被分为多组任务，每组任务称为"阶段"或"任务集"。

(4) Task：运行在 Executor 上的工作单元，负责执行具体的操作。

3. Spark 架构

Spark 支持多种计算方式，包括批处理(Batch)、流处理(Streaming)和图处理(GraphX)，并且集成了 SQL 查询、机器学习算法等。Spark 的架构设计实现了资源管理、任务分配、结果收集等功能，并且强调基于内存的计算，适合在性能好的服务器上运行。

　　Spark 架构如图 8-3 所示，其包括 Spark 驱动程序(Spark Driver)和执行器(Executor)及两者间的关系。每个驱动程序可以启动多个作业(Job)，每个作业又可以进一步分解为多个任务(Task)，这些任务被分发到多个执行器中执行。在 Spark 中，驱动程序负责解析和优化用户编写的代码，生成执行计划，并将任务分发给执行器。执行器则负责接收和执行任务，以及向驱动程序报告任务的执行结果。

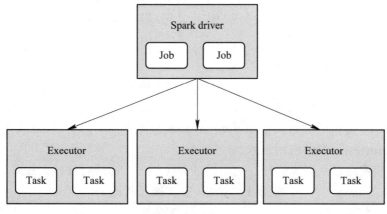

图 8-3　Spark 架构

任务 8.2　Spark 安装配置

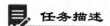

　　本任务通过 Standalone 与 Hadoop YARN 两种主流模式的安装实践，掌握 Spark 集群部署流程及参数调优方法，提升环境搭建能力，为多场景应用开发提供技术支撑。

8.2.1　Spark 安装模式

Spark 支持多种安装和部署模式，主要的安装模式如下。

1. 本地模式

本地模式(Local Mode)是最简单的模式，在单台机器上运行 Spark 应用程序，所有组件(包括 Master 和 Executor)都在同一台 Java 虚拟机(JVM)中运行。本地模式主要用于开发和测试阶段，其配置方式是直接解压 Spark 安装包即可使用，无需额外配置。

2. Standalone 模式

Standalone 模式是 Spark 自带的集群模式，通过 Master 和 Worker 节点管理资源，支持高可用(HA)。在这种模式下，Spark 自带资源管理器，可以独立搭建一个由 Master 节点和 Worker 节点构成的 Spark 集群。Master 负责调度任务，Worker 提供计算资源，可以在多台物理机器上部署。它有两种运行模式：第一种是 Client 模式，该模式下 Driver 进程在提交任务的客户端运行；另一种是 Cluster 模式，该模式下 Driver 进程在集群中随机 Worker 节点上运行。

3．Spark on YARN 模式

Spark on YARN(Hadoop YARN)模式依赖 Hadoop YARN 资源管理器，适合已有 Hadoop 集群的场景。在这种模式下，Spark 可以无缝地在 Hadoop YARN 集群资源管理系统上运行，这样就可以利用 YARN 进行资源管理和调度，Spark 应用与 Hadoop MapReduce、HDFS 等服务共享集群资源。Hadoop YARN 模式的优点是可以与 Hadoop 生态无缝集成，支持动态资源分配。

4．Spark on Mesos 模式

Spark on Mesos 模式使用 Apache Mesos 作为资源调度框架，适合混合计算场景。Apache Mesos 是一个通用的集群资源管理系统，Spark 能够作为 Mesos 上的框架运行，从而高效利用 Mesos 提供的分布式资源。Mesos 模式适用于需同时管理 Spark 和其他框架(如 Hadoop、Kubernetes)资源的应用场景。

上述 4 种模式可以从资源管理、应用场景和优势等方面进行比较，如表 8-1 所示。

表 8-1　Spark 安装模式对比

模式	资源管理	适用场景	优势
Local Mode	单机 JVM	本地开发/测试	快速启动，无需集群
Standalone	Spark 自带 Master	生产环境(无 Hadoop 时)	独立性强，支持 HA
Spark on YARN	Hadoop YARN	已有 Hadoop 环境的生产环境	资源复用，生态兼容性好
Spark on Mesos	Apache Mesos	混合计算框架环境	多框架资源统一调度

实际生产和实践中，最常见的两种安装模式是 Standalone 模式和 Spark on YARN (Hadoop YARN)模式。Standalone 模式比较流行，因为在没有其他集群资源管理器的情况下，Spark Standalone 模式是一种简单且易于设置的解决方案：用户可以在多台机器上自行搭建一个独立的 Spark 集群，Spark 自身提供 Master 节点进行资源管理和任务调度。而 Spark on YARN 模式之所以常见，是因为在许多企业级大数据环境中，Hadoop YARN 是最常见的资源管理系统。在这种模式下，Spark 应用可以无缝地在 YARN 集群上运行，从而充分利用已有的 Hadoop 基础设施。由于 YARN 已经广泛用于处理大规模数据集和运行分布式作业，Spark 与 YARN 集成能够实现资源共享和更高效的集群利用率。

8.2.2　Spark Standalone 模式安装

Spark 安装在完全分布式的 Hadoop-3.3.0 集群上。Hadoop 集群的配置规划如下：采用 3 台 CentOS 7 虚拟机来组建集群，其 IP 地址分别为 192.168.1.165/166/167，3 台虚拟机的主机名分别是 NameNode/DataNode1/DataNode2；所有安装包都存放在 /opt/softwares/ 目录下；所有程序都安装在/opt/modules/目录下；集群上的每台主机均有普通账户 zspt 和超级管理员账户 root。现在要求采用 Spark Standalone 模式来安装最新版的 spark-3.4.2。详细安装配置过程如下：

步骤 1：下载 Spark 二进制包。访问 Apache Spark 官网(https://spark.apache.org/downloads.html)下载适用于 Hadoop 3.3.0 的 Spark 版本，如 spark-3.4.2-bin-hadoop3.3.tgz。

步骤 2：上传 Spark 安装程序到集群各节点并解压到指定目录。使用用户 zspt 或用户 root 通过"scp"命令将下载好的 Spark 压缩包上传至所有节点的 /opt/modules/ 目录下。假设以用户 zspt 登录，在每台机器上执行以下命令解压 Spark 安装包到指定目录：

```
sudo tar -zxvf spark-3.4.2-bin-Hadoop3.3.tgz
cd    /opt/modules/spark-3.4.2-bin-Hadoop3.3
sudo ln -s   ./spark-3.4.2-bin-Hadoop3.3    ./spark
```

步骤 3：配置 Spark 环境变量。编辑用户 zspt 的环境变量文件，添加 Spark 的路径，运行如下命令：

```
sudo   vi   /etc/profile
```

添加如下内容：

```
export SPARK_HOME=/opt/modules/spark
export PATH=$PATH:$SPARK_HOME/bin
```

添加结果如图 8-4 所示。

```
export JAVA_HOME=/opt/modules/jdk1.8.0_144
export PATH=$JAVA_HOME/bin:$PATH
export CLASSPATH=.:$JAVA_HOME/jre/lib/rt.jar

export HADOOP_HOME=/opt/modules/hadoop-3.3.0
export PATH=$PATH:$HADOOP_HOME/bin:$HADOOP_HOME/sbin

export HIVE_HOME=/opt/modules/apache-hive-3.1.3-bin
export PATH=$PATH:$HIVE_HOME/bin

export ZOOKEEPER_HOME=/opt/modules/apache-zookeeper-3.7.2-bin
export PATH=$PATH:$ZOOKEEPER_HOME/bin

export SCALA_HOME=/opt/modules/scala
export PATH=$PATH:$SCALA_HOME/bin

export SPARK_HOME=/opt/modules/spark
export PATH=$PATH:$SPARK_HOME/bin
```

图 8-4 配置 Spark 环境变量

运行如下命令，使环境变量生效：

```
source /etc/profile
```

📖 **小提示**：步骤 2 和步骤 3 在集群的每个节点上都需要完成。

步骤 4：配置 Spark Standalone。进入 Spark 配置目录，编辑 conf/spark-env.sh 文件，配置 Master 和 Worker 节点信息。若该文件不存在,则可以运行以下命令,从 conf/spark-env.sh.template 复制创建：

```
cd /opt/modules/spark/conf
cp spark-env.sh.template spark-env.sh
sudo vi spark-env.sh
```

在 spark-env.sh 中设置 Master 节点(例如，选择 192.168.1.165 作为 Master)：

```
export SPARK_MASTER_HOST=192.168.1.165
export SPARK_WORKER_MEMORY=2g # 根据实际情况调整每个 worker 的内存大小
```

步骤 5：启动 Spark 集群。在 Master 节点上启动 Master 服务：

```
cd /opt/modules/spark/sbin
/start-master.sh
```

查看 Master UI 地址以确认是否成功启动(打开 IE 浏览器，输入以下网址)：

```
https:1921.68.1.165:8080        #如果网页显示正常，则表明 Master 服务启动成功
```

在 Worker 节点(192.168.1.166 和 192.168.1.167)启动 Worker 服务，并指定 Master 地址：

```
/start-slave.sh spark://192.168.1.165:7077
```

步骤 6：验证集群状态。在浏览器中打开 Master 节点的 UI 地址(如 http://192.168.1.165:8080)，检查是否有 Worker 节点注册上来。如图 8-5 所示，结果显示 Master 和 Workers 都正常工作。

图 8-5 Master 和 Workers 正常工作

此时，若用"jps"命令查看 3 台主机的进程，则会发现 192.168.1.165 只有 jps 和 master 进程；192.168.1.166 与 192.168.1.167 只有 jps 和 worker 进程，如图 8-6 所示。

图 8-6 Master 和 Workers jps

这表明，在 Spark Standalone 模式下，用户不需要启动 Hadoop 的 HDFS 或 YARN 服务来验证 Spark 自身的 Web UI。Spark Standalone 是一个独立的集群管理器，它有自己的 Master 和 Worker 节点架构，可以不依赖 Hadoop YARN 或 HDFS 来运行 Spark 应用。

8.2.3 Spark on YARN 模式安装

我们在伪分布式的 Hadoop-3.3.0 集群上，来安装 Spark。伪分布式集群的环境与前面项目中也保持一致：采用 1 台 CentOS 7 虚拟机来实现，其 IP 地址为 192.168.1.163，主机名

为"master"；所有安装包都存放在 /opt/softwares/ 目录下；所有程序都安装在 /opt/modules/ 目录下；集群上每台主机均有普通账户 zspt 和超级管理员账户 root。同样要求安装最新版的 spark-3.4.2。详细安装配置过程如下：

步骤 1：下载 Spark 二进制包。与 8.2.2 小节相同，不再重复。

步骤 2：上传 Spark 安装程序到集群各节点并解压到指定目录。与 8.2.2 小节相同，不再重复。

步骤 3：配置 Spark 环境变量。编辑用户 zspt 的环境变量文件，添加 Spark 的路径：

```
sudo   vi   /etc/profile
```

添加如下内容：

```
export SPARK_HOME=/opt/modules/spark
export PATH=$PATH:$SPARK_HOME/bin
export Hadoop_CONF_DIR=/opt/modules/Hadoop-3.3.0/etc/Hadoop
```

运行如下命令，使配置生效：

```
source /etc/profile
```

伪分布式 hadoop-3.3.0 集群下，以用户 zspt 登录，其 /etc/profile 配置内容最终如图 8-7 所示。

```
export JAVA_HOME=/opt/modules/jdk1.8.0_144
export PATH=$JAVA_HOME/bin:$PATH
export CLASSPATH=.:$JAVA_HOME/jre/lib/rt.jar

export HADOOP_HOME=/opt/modules/hadoop-3.3.0
export PATH=$PATH:$HADOOP_HOME/bin:$HADOOP_HOME/sbin

export HIVE_HOME=/opt/modules/hive
export PATH=$PATH:$HIVE_HOME/bin

export HBASE_HOME=/opt/modules/hbase
export PATH=$PATH:$HBASE_HOME/bin

export ZOOKEEPER_HOME=/opt/modules/zookeeper
export PATH=$PATH:$ZOOKEEPER_HOME/bin

export SCALA_HOME=/opt/modules/scala
export PATH=$PATH:$SCALA_HOME/bin

export SPARK_HOME=/opt/modules/spark
export PATH=$PATH:$SPARK_HOME/bin
export HADOOP_CONF_DIR=/opt/modules/hadoop-3.3.0/etc/hadoop
```

图 8-7　伪分布式集群 zspt 用户的环境变量配置

步骤 4：配置 Spark 以支持 YARN。进入 Spark 配置目录，运行如下命令，复制 conf/spark-defaults.conf.template 文件为 spark-defaults.conf，并进行编辑：

```
$ cp ./spark-defaults.conf.template   ./conf/spark-defaults.conf
$ sudo vi ./spark-defaults.conf
```

在 spark-defaults.conf 文件中添加对 YARN 的支持配置：

```
spark.master                      yarn
spark.submit.deployMode           cluster
spark.yarn.am.memory              1024m # 根据实际情况调整 Application Master 内存大小
```

| spark.executor.instances | 2 # 根据集群资源调整 executor 数量 |
| spark.executor.memory | 1g # 根据实际情况调整每个 executor 的内存大小 |

添加后的 spark-defaults.conf 文件项目导读如图 8-8 所示。

```
# Default system properties included when running spark-submit.
# This is useful for setting default environmental settings.

# Example:
# spark.master                      spark://master:7077

  spark.master                      yarn
  spark.submit.deployMode           cluster
  spark.yarn.am.memory              1024
  spark.executor.instances          2
  spark.executor.memory             1g

# spark.eventLog.enabled            true
```

图 8-8　spark-defaults.conf

步骤 5：确保 Hadoop 和 Spark 权限兼容。运行如下命令，确保用户 zspt 可以访问 Hadoop 的配置文件和其他必要的目录，如有需要可适当调整文件和目录权限：

```
$ sudo chown -R zspt:zspt ./spark
$ sudo chown -R zspt:zspt ./Hadoop-3.3.0/
```

步骤 6：启动 Hadoop YARN 集群。运行如下命令，启动 Hadoop 所有必要服务，包括 NameNode、DataNode、ResourceManager 和 NodeManager 等：

```
$ sudo start-dfs.sh
$ sudo start-yarn.sh
```

步骤 7：提交 Spark 应用测试。登录到虚拟主机 192.168.1.163，使用用户 zspt 提交一个简单的 Spark 应用到 YARN 集群，测试命令如下：

```
cd /opt/modules/spark/bin ./spark-submit \
--class org.apache.spark.examples.SparkPi \
--master yarn \
--deploy-mode cluster \ $SPARK_HOME/examples/jars/spark-examples_2.12-3.4.2.jar \
10
```

运行命令如图 8-9 所示。

```
[zspt@master bin]$ pwd
/opt/modules/spark/bin
[zspt@master bin]$ ./spark-submit \
> --class org.apache.spark.examples.SparkPi \
> --master yarn \
> --deploy-mode cluster \
> $SPARK_HOME/examples/jars/spark-examples_2.12-3.4.2.jar \
> 10
```

图 8-9　spark-submit 应用测试

对其中的代码进行解析：

(1) 执行 spark-submit 命令，该命令用于向 Spark 集群提交应用：

```
./spark-submit
```

(2) 指定要执行的主类(Main class)，这里是 Apache Spark 自带的 Pi 计算示例程序：

```
--class org.apache.spark.examples.SparkPi \
```

(3) 指定 Spark 运行时的资源管理器，这里设置为 YARN：

```
--master yarn \
```

(4) 设置部署模式为 cluster，这意味着 Application Master 将作为 YARN 容器在集群中启动。

```
--deploy-mode cluster \
```

(5) 指定应用 JAR 包的路径，这里是 Spark 自带的例子 JAR 包，其中包含 SparkPi 示例代码：

```
$SPARK_HOME/examples/jars/spark-examples_2.12-3.4.2.jar \
```

(6) 传递给 SparkPi 示例程序的参数，这里的参数 10 表示分割圆周率计算任务的粒度，即分区数 10。

```
$10
```

综合起来，此命令会使用 Spark 通过 YARN 集群模式提交一个分布式应用。该应用是基于 Org、Apache、Spark、Examples 和 SparkPi 类的，并且会在集群上并行执行 π 值的近似计算，以 10 个分区进行划分。注意，在实际运行前需要确保环境变量$SPARK_HOME 已正确指向 Spark 安装目录。

运行结果如图 8-10 所示。

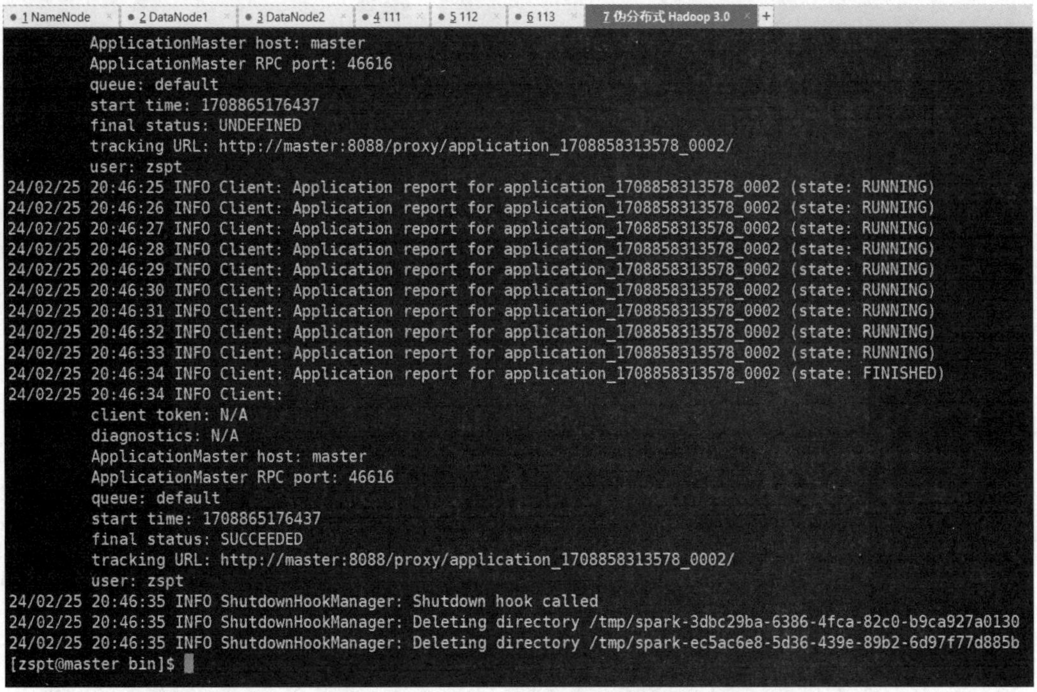

图 8-10　Spark-submit 运行结果

从图 8-10 中可以看出，最后的结果没有显示到控制台上。由于在 YARN 模式下，Spark 应用的监控信息会集成到 Hadoop YARN ResourceManager 的 Web UI 中，YARN 默认管理端口是 8088，因此可以访问 192.168.1.163:8088 查看 Spark-submit 运行结果，如图 8-11 所示。

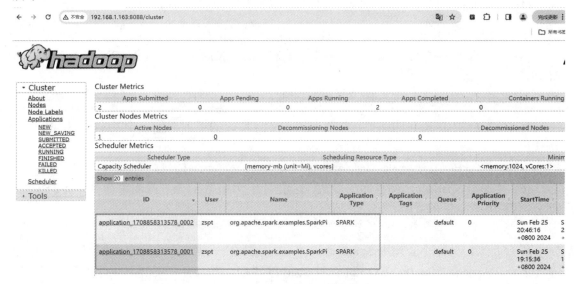

图 8-11 YARN Web UI 管理信息

从图 8-11 中可以看出，求 π 值近似值 Spark-submit 提交了 2 次，并且都已经成功执行。

任务 8.3 Spark 应用操作

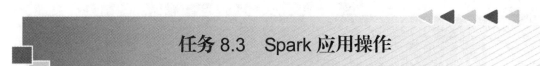

任务描述

本任务以命令行工具(Spark-submit、Spark Shell)和 RDD 操作为核心内容，学习任务提交、交互式编程及数据处理方法，培养实际开发与调试能力。

8.3.1 Spark-submit

Spark-submit 是 Apache Spark 提供的一种命令行工具，用于向 Spark 集群提交应用程序以进行分布式执行。它允许用户指定应用程序的主类、依赖库、配置参数以及执行模式(本地模式、Standalone 模式和 YARN 模式等)。Spark-submit 可以处理不同类型的作业格式，包括 JAR 文件、Python 脚本或 R 脚本。

完成 Spark Standalone 模式的安装后，就可以使用 Spark-submit 提交并运行 Spark 应用。8.2.3 小节已经测试了一个求 π 值的 Spark-submit 应用。下面在 Standalone 模式下，将 Spark 自带求 π 的程序提交到集群，执行如下命令：

```
# 提交 Spark 应用
./spark-submit   \
--master    spark://192.168.1.165:7077 \
--deploy-mode cluster    \
--class org.apache.spark.examples.SparkPi \
--driver-memory 512m    \
--executor-memory 1g \
--executor-cores 2 \
../examples/jars/spark-examples_2.12-3.4.2.jar
```

程序运行过程及运行结果分别如图 8-12 和图 8-13 所示。

```
[zspt@NameNode bin]$ ./spark-submit \
> --master spark://192.168.1.165:7077 \
> --deploy-mode cluster \
> --class org.apache.spark.examples.SparkPi \
> --driver-memory 512m \
> --executor-memory 1g \
> --executor-cores 2 \
> ../examples/jars/spark-examples_2.12-3.4.2.jar
```

图 8-12　Spark-submint Standalone 运行命令

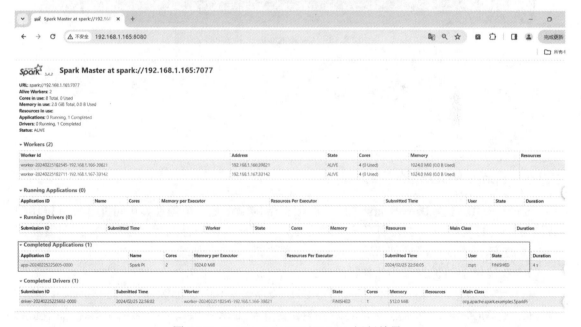

图 8-13　Spark-submint Standalone 运行结果

8.3.2　Spark Shell 命令操作

Apache Spark Shell 是 Spark 提供的一种交互式命令行工具。它允许用户在 Scala(默认)或 Python 环境下直接与 Spark 集群进行交互。

常见的 Spark Shell 操作命令是启动与退出。其相应的运行命令如下:

（1）启动 Spark Shell。若在 Standalone 模式下，则可在任意节点进入 Spark 安装目录，执行以下命令启动 Spark Shell：

```
./spark-shell  --master   spark://192.168.1.165:7077
```

若直接在 Master(192.168.1.165)主机上运行，则运行界面如图 8-14 所示。

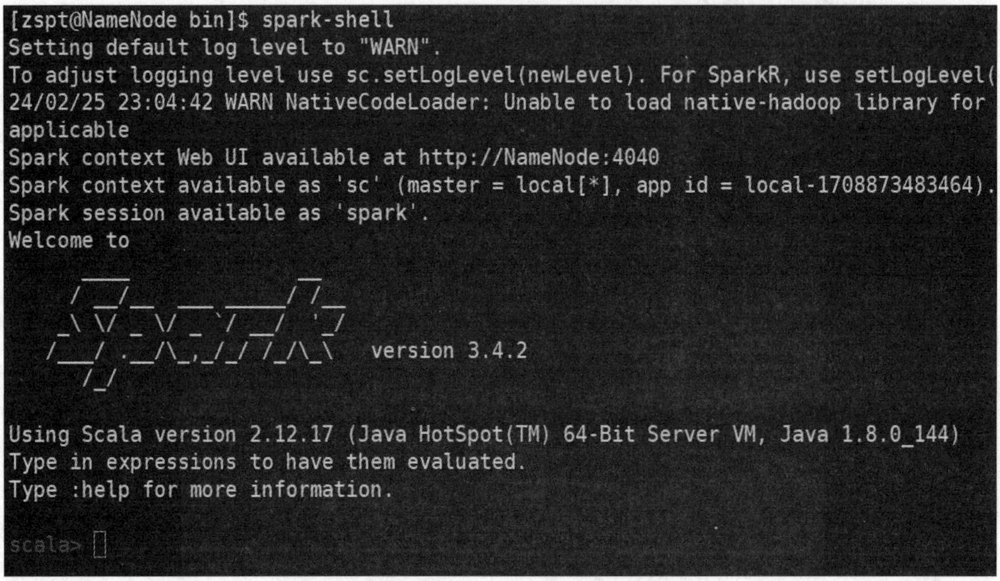

```
[zspt@NameNode bin]$ spark-shell
Setting default log level to "WARN".
To adjust logging level use sc.setLogLevel(newLevel). For SparkR, use setLogLevel(
24/02/25 23:04:42 WARN NativeCodeLoader: Unable to load native-hadoop library for
applicable
Spark context Web UI available at http://NameNode:4040
Spark context available as 'sc' (master = local[*], app id = local-1708873483464).
Spark session available as 'spark'.
Welcome to
      ____              __
     / __/__  ___ _____/ /__
    _\ \/ _ \/ _ `/ __/  '_/
   /___/ .__/\_,_/_/ /_/\_\   version 3.4.2
      /_/

Using Scala version 2.12.17 (Java HotSpot(TM) 64-Bit Server VM, Java 1.8.0_144)
Type in expressions to have them evaluated.
Type :help for more information.

scala> 
```

图 8-14　Spark Shell 启动界面

若在 YARN 模式下，则运行以下命令：

```
./spark-shell  --master   yarn
```

（2）退出 Spark Shell：

```
scala>:quit
```

8.3.3　Spark RDD 命令操作

Spark RDD 是 Apache Spark 中的核心数据结构。它是一个弹性、不可变和并行操作的数据集。RDD 可以分布在集群的多个节点上，并且在内存中存储数据以实现高效计算。即使发生故障，RDD 也能通过传统 lineage 记录自动恢复数据。

RDD 提供了两种类型的操作：

（1）转换(Transformation)：创建新的 RDD，如 map、filter、flatMap 和 reduceByKey 等。

（2）行动(Action)：触发实际的计算并返回结果到 Driver 或写入外部存储系统，如 count、collect、saveAsTextFile 等。

以下是两个 Spark RDD 应用示例。

（1）应用示例 1：基于文本文件创建 RDD 并统计单词数量。首先，查看 192.168.1.165/166/167 组成的 HDFS 集群根目录下的文件，如图 8-15 所示。以根目录下的 file.txt 为测试对象，文本内容是"Happy new year"。

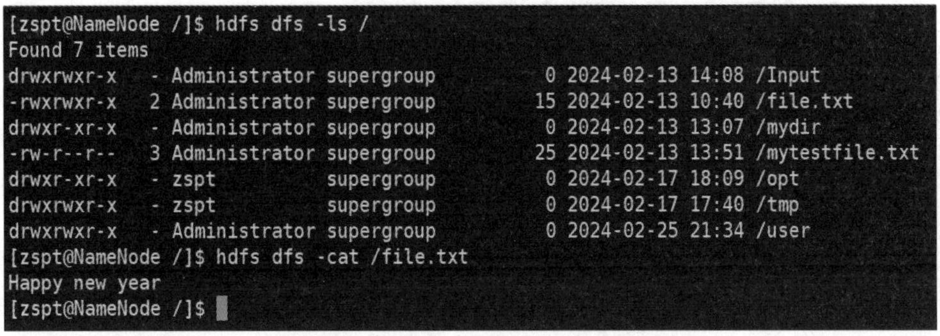

```
[zspt@NameNode /]$ hdfs dfs -ls /
Found 7 items
drwxrwxr-x   - Administrator supergroup          0 2024-02-13 14:08 /Input
-rwxrwxr-x   2 Administrator supergroup         15 2024-02-13 10:40 /file.txt
drwxr-xr-x   - Administrator supergroup          0 2024-02-13 13:07 /mydir
-rw-r--r--   3 Administrator supergroup         25 2024-02-13 13:51 /mytestfile.txt
drwxr-xr-x   - zspt          supergroup          0 2024-02-17 18:09 /opt
drwxrwxr-x   - zspt          supergroup          0 2024-02-17 17:40 /tmp
drwxrwxr-x   - Administrator supergroup          0 2024-02-25 21:34 /user
[zspt@NameNode /]$ hdfs dfs -cat /file.txt
Happy new year
[zspt@NameNode /]$
```

图 8-15　查看 HDFS 文件系统

然后运行如下命令：

```
// 在 Spark Shell 中执行以下操作
val inputFile = "hdfs://192.168.1.165:9000/file.txt"
val textRDD = spark.sparkContext.textFile(inputFile)              // 创建一个读取文本文件的 RDD
val wordsRDD = textRDD.flatMap(_.split(" "))                      // 将文本分割成单词
val wordCounts = wordsRDD.map((_, 1)).reduceByKey(_ + _)          // 统计每个单词的数量
wordCounts.collect().foreach(println)                             // 输出每个单词及其出现次数
```

运行结果如图 8-16 所示。

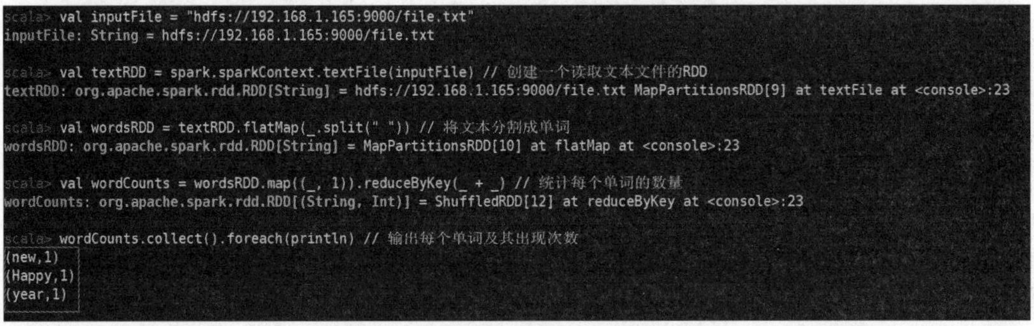

```
scala> val inputFile = "hdfs://192.168.1.165:9000/file.txt"
inputFile: String = hdfs://192.168.1.165:9000/file.txt

scala> val textRDD = spark.sparkContext.textFile(inputFile) // 创建一个读取文本文件的RDD
textRDD: org.apache.spark.rdd.RDD[String] = hdfs://192.168.1.165:9000/file.txt MapPartitionsRDD[9] at textFile at <console>:23

scala> val wordsRDD = textRDD.flatMap(_.split(" ")) // 将文本分割成单词
wordsRDD: org.apache.spark.rdd.RDD[String] = MapPartitionsRDD[10] at flatMap at <console>:23

scala> val wordCounts = wordsRDD.map((_, 1)).reduceByKey(_ + _) // 统计每个单词的数量
wordCounts: org.apache.spark.rdd.RDD[(String, Int)] = ShuffledRDD[12] at reduceByKey at <console>:23

scala> wordCounts.collect().foreach(println) // 输出每个单词及其出现次数
(new,1)
(Happy,1)
(year,1)
```

图 8-16　使用 RDD 进行词频统计

(2) 应用示例 2：使用 RDD 进行简单数学运算：

```
// 创建一个包含整数的 RDD
val numbersRDD = spark.sparkContext.parallelize(Seq(1, 2, 3, 4, 5, 6, 7, 8, 9))
// 使用 RDD 转换和行动操作计算所有数字的平方和
val squaredNumbers = numbersRDD.map(x => x * x)        // 平方每个数字
val sumOfSquares = squaredNumbers.reduce(_ + _)        // 求和所有平方数
println(s"Sum of squares: $sumOfSquares")              // 输出总和
```

运行结果如图 8-17 所示。

以上示例分别演示了如何使用 Spark RDD 处理文本数据以及对数值集合进行数学运算。在实际应用中，RDD 可以应用于各种复杂的数据处理场景，包括大规模数据分析和机器学习模型训练等。

```
scala> // 创建一个包含整数的RDD

scala> val numbersRDD = spark.sparkContext.parallelize(Seq(1, 2, 3, 4, 5, 6, 7, 8, 9))
numbersRDD: org.apache.spark.rdd.RDD[Int] = ParallelCollectionRDD[4] at parallelize at <console>:22

scala> // 使用RDD转换和行动操作计算所有数字的平方和

scala> val squaredNumbers = numbersRDD.map(x => x * x) // 平方每个数字
squaredNumbers: org.apache.spark.rdd.RDD[Int] = MapPartitionsRDD[5] at map at <console>:23

scala> val sumOfSquares = squaredNumbers.reduce(_ + _) // 求和所有平方数
sumOfSquares: Int = 285

scala> println(s"Sum of squares: $sumOfSquares") // 输出总和
Sum of squares: 285
```

图 8-17　使用 RDD 进行简单数学运算

任务 8.4　思政教育——国产 Spark 引擎的"超算突围"

任务描述

本次思政教育的目标是结合 Spark 技术发展历程，深入理解自主创新对技术变革的推动作用，培养团队协作精神与社会责任感，同时强化科技服务国家战略的意识。

2022 年，国家超算广州中心接到一项紧急任务：为粤港澳大湾区智慧交通系统构建实时决策平台，需在 10 ms 内处理百万级车辆轨迹数据。传统 Spark 架构因海外技术封锁无法获取最新优化方案，导致性能始终不达标。

以工程师陈立为首的 20 人团队，决心自主研发国产化 Spark 加速引擎。他们基于开源 Spark 2.4 版本，突破性地重构了内存管理模块——将 RDD(弹性分布式数据集)的序列化效率提升了 60%，并创新性地提出"动态 DAG 切割算法"，使任务调度延迟降低至 3 ms。为了验证方案，该团队与中山大学智能交通实验室展开协作，在广深高速真实路网中进行了 278 次压力测试，最终使车辆调度响应速度达到国际领先水平。

这项名为"天河 Spark-X"的技术成果，不仅支撑大湾区交通拥堵率下降了 18%，更被集成进国产超算操作系统"天河麒麟"，服务于南沙港自动驾驶码头等国家新基建项目。正如陈立所说："每一行 Spark 代码，都是中国工程师用自主创新点燃的星火，终将汇成服务国家战略的燎原之光。"

这个故事通过核心技术攻关、跨领域协作、服务国家战略的三重维度，生动诠释了自主创新与科技报国的时代内涵。

课 后 习 题

一、选择题

1. Apache Spark 的核心数据结构是(　　)。

A. Block
B. RDD (Resilient Distributed Datasets)

C. HDFS Block
D. Key-Value Pair

2. 相比于 MapReduce，Spark 的优势在于(　　)。

A. 只支持批处理
B. 仅在磁盘上进行计算

C. 支持内存计算和细粒度的任务调度
D. 不支持容错机制

3. Spark 生态系统中用于实时流处理的组件是(　　)。

A. Spark SQL
B. Spark Streaming

C. MLlib
D. GraphX

4. Spark Master 负责(　　)。

A. 存储数据块
B. 分配资源并监控执行器状态

C. 执行具体的任务
D. 进行数据压缩

5. 以下(　　)模式下，Spark 会将数据持久化到内存中并在多个操作间重用。

A. Broadcast Variables
B. Accumulators

C. Checkpointing
D. Caching (或 Persistence)

二、填空题

1. Spark 框架使用_____来优化迭代式算法和交互式数据挖掘。

2. 在 Spark 中，SparkSession 是用户与 Spark SQL API 进行交互的主要入口点，它统一了 DataFrame、Dataset 及_____的功能。

3. Spark 作业提交时，默认采用_____部署模式，也可以在 YARN 或 MESOS 集群上运行。

4. 为了提高容错性，Spark 通过_____信息来重新计算丢失的数据分区。

5. Spark 作业中的并行性和并发性是由_____的数量和每个_____内核数量决定的。

三、简答题

1. 解释 Spark 的 RDD 及其特点。

2. 简述 Spark 在处理大规模数据时如何实现高性能。

四、编程题

题目：编写一个 Spark 程序，从 HDFS 上的 CSV 文件中加载数据，并执行一个简单的单词计数操作。

项目 9　Flume 技术应用

▶▶▶▶　**项目导读**

作为 Hadoop 生态系统中的高可靠分布式日志采集工具，Flume 能够实时收集、聚合与传输海量流式数据(如服务器日志、用户行为数据等)，是构建离线系统与实时分析系统的桥梁。本项目从 Flume 技术原理剖析入手，结合伪分布式与完全分布式环境下的安装配置，深入讲解其 Source-Channel-Sink 架构模型，并通过实际案例演示数据采集流程，介绍多场景日志处理方案的设计与优化方法。

▶▶▶▶　**学习目标**

❖　理论认知：理解 Flume 核心概念(如 Agent、Event、Source 类型)及体系架构设计原理，掌握其与 HDFS、Kafka 等组件的协同机制。

❖　部署能力：能独立完成 Flume Agent 部署配置。

❖　实践技能：能运用 Flume 实现监控功能(如监控 Telnet 和日志文件等)。

▶▶▶▶　**思政教育**

在 Flume 技术应用中，需强化数据隐私保护与合规意识。例如，通过医疗日志脱敏传输案例，理解《中华人民共和国数据安全法》中的匿名化技术规范；结合 Flume 在电商用户行为数据采集中的实践应用，强调技术伦理与商业道德的协同发展。同时，通过开源社区贡献案例(如 Flume 插件开发)，倡导"技术共享、协作创新"的职业理念，培养兼具专业技术能力与社会责任感的技术人才。

◀◀◀◀

任务 9.1　探索 Flume 技术原理

任务描述

本任务聚焦于 Flume 核心技术原理，涵盖数据采集模型、Agent 架构及可靠性传输机制。通过剖析 Source、Channel 和 Sink 三大组件的协同工作流程，深入理解 Flume 在日志聚合场景中的设计逻辑，并掌握 Flume 版本选型的关键依据。

9.1.1　理解 Flume 基本概念

Apache Flume 是一种高可靠性、高性能的分布式服务，旨在用于有效地收集、聚合和移动大量日志数据。作为典型的分布式系统，它特别适用于日志数据的高效收集，并将其传输至数据中心的存储系统(如 HDFS)。

Flume 通过简单的可扩展架构支持各种数据源和目标系统的集成。该架构基于流式数据流模型构建而成，核心组件包括 Source(数据来源)、Channel(传输通道)和 Sink(数据目的地)，这些组件可以灵活配置以适应不同的数据收集需求。

此外，Flume 还提供了对数据进行简单处理的能力，并能够在传输过程中保障数据的可靠性和容错性。因其灵活性和强大的功能，Flume 成为大数据生态系统中不可或缺的一部分，广泛应用于日志分析、监控以及其他需要实时或批量处理数据的场景中。

我们可以从 Flume 官网(http://flume.apache.org)获取安装帮助和相应的应用案例。

9.1.2　Flume 体系架构分析

Flume 体系架构以可靠日志收集为核心目标，由多层次组件构成，并以 Agent 为核心运行单元，其单节点结构如图 9-1 所示。

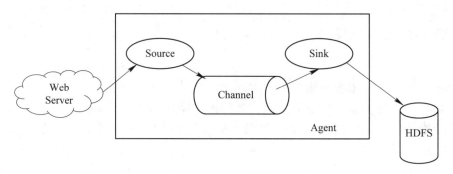

图 9-1　Flume 单节点结构

下面根据图 9-1 分析 Flume 的核心组件及其运作机制。

1．Flume 核心组件

(1) Agent：作为独立的 JVM 进程运行，是 Flume 执行数据采集和传输的最小单元。每个 Agent 包含三个逻辑组件：Source、Channel 和 Sink。

(2) Source(数据源)：负责从外部系统(如日志文件、网络端口、Kafka 等)接收数据，支持多种协议和输入类型(如 exec、spooldir、syslog 等)。其应用的典型场景是通过 tail-F 实时监控日志文件变化，或通过 Avro 接收远程 Agent 发送的数据流。

(3) Channel(通道)：作为 Source 与 Sink 间的缓冲区，平衡数据生产与消费速率，保障传输的可靠性。Flume 提供了两种实现 Channel 的方法：第一种是 Memory Channel，它基于内存队列，吞吐量高但存在数据丢失的风险，适用于非关键业务场景。第二种是 File Channel，它基于磁盘持久化，保证数据在进程崩溃或重启后不丢失，适用于高可靠性需求场景。

(4) Sink(输出目标)：从 Channel 提取数据并写入目标存储系统(如 HDFS、HBase、Kafka

等)。支持动态路径配置(如按时间划分 HDFS 目录)和文件滚动策略(按时间、大小、事件数控制文件生成)。

2. 数据传输机制 Event(事件)

Flume 数据传输的基本单位由 Header(键值对元数据)和 Body(原始数据字节流)组成。例如，日志文件中的单行文本会被封装为一个 Event，通过 Header 附加时间戳、主机名等上下文信息。

Flume 的数据传输采取事务机制，它分成两种事务：第一种是 Put 事务，由 Source 将 Event 批量写入 Channel，若失败则回滚以避免数据部分写入；第二种是 Take 事务，它由 Sink 从 Channel 批量读取 Event，仅在所有 Event 成功写入目标系统后提交事务，确保端口到端口的一致性。

3. 扩展性设计

Flume 的扩展性设计主要有以下两个方面：

(1) 多级 Agent 串联：支持将多个 Agent 串联(如 Agent1 的 Sink 作为 Agent2 的 Source)，形成复杂数据流拓扑以满足适应大规模分布式日志采集需求。

(2) 负载均衡与故障转移：Sink 组可配置多个实例，通过负载均衡策略(如轮询、随机)分发数据，并通过故障转移机制规避单点故障。

9.1.3 Flume 版本选择

Apache Flume 有两个主要版本：Flume OG(Original Generation)和 Flume NG(Next Generation)。这两个版本在架构和技术实现上存在显著差异。

(1) Flume OG：Flume 0.9x 版本，其架构较为复杂，包括复杂的组件(如 Master 节点)，用于管理配置和服务协调。虽然 OG 提供了丰富的特性集，但是其架构在扩展性和灵活性方面存在一定的局限性。例如，添加或移除节点需要重启整个系统，这在大规模部署时显得不够灵活。OG 通过一个中心化的 Master 来管理 Agent 的状态和配置，这种方式虽然简化了管理和监控，但也带来了单点故障的风险。随着 NG 版本的发布，OG 逐渐不再得到官方的支持和更新。

(2) Flume NG：Flume 1.x 版本。NG 版本对 OG 进行了重大的简化，去除了单独的 Master 节点，使每个 Flume Agent 都可以独立运行。这种变化不仅降低了系统的复杂度，还提高了整体的可靠性和容错能力。由于每个 Agent 可以独立配置和运行，因此更容易进行扩展和维护。此外，NG 版本引入了更多的 Source、Sink 和 Channel 类型，显著增强了系统的灵活性。

Flume NG 的多节点集群结构如图 9-2 所示。

OG 和 NG 的主要区别：OG 有三个组件，即 Agent、Collector 和 Master。其中，Agent 主要负责收集各个日志服务器上的日志，将日志聚合到 Collector，可设置多个 Collector；Master 主要负责管理 Agent 和 Collector；最后由 Collector 把收集到的日志写到 HDFS 中，当然也可以写到本地或者提交给 Storm 或 HBase。而 NG 最大的改动就是不再有分工角色设置，所有节点均是 Agent，可以彼此之间相连，多个 Agent 连到某个 Agent，这个 Agent 也就相当于 Collector 了，这种设计使 NG 版本提升了数据传输的性能，并且通过更加健壮的数据通道机制提高了数据传输的可靠性。例如，文件通道(File Channel)提供了一种持久化存储选项，确保即使在系统崩溃的情况下也能保证数据不丢失。NG 是目前推荐使用的版本，拥有活跃的社区支持和持续的更新，这意味着用户可以获取最新的功能和安全补丁。同时，这种架构设计也使 NG 支持负载均衡。

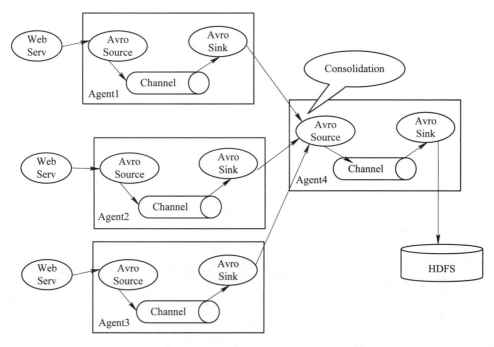

图 9-2　Flume NG 多节点集群结构

因此，本任务实验采用 Flume NG。

任务 9.2　Flume 安装与应用

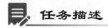 **任务描述**

本任务聚焦于 Flume 的部署与实战应用。从单节点到分布式环境的安装与配置入手，结合典型日志采集场景(如 Web 服务器日志实时传输)，完成 Agent 组件(Source、Channel、Sink)的配置与参数调优。通过案例演示数据流管道设计，强调配置文件的规范化编写与高可用性设计原则，为复杂数据集成任务提供技术支撑。

9.2.1　Flume 部署

步骤 1：下载 Flume。首先从 Apache 镜像站点下载 Flume 1.11.0 的 TAR 包：

```
[zspt@Hadoop01 ~]# wget https://archive.apache.org/dist/flume/1.11.0/apache-flume-1.9.0-bin.tar.gz
```

步骤 2：解压 Flume。

下载完成后，解压缩文件至自己指定的目录或当前目录：

```
tar -xzvf apache-flume-1.11.0-bin.tar.gz
```

为了方便，可以重命名解压后的目录：

```
mv apache-flume-1.11.0-bin flume
```

步骤 3：配置环境变量。

将 Flume 添加到系统环境变量中。编辑~/.bashrc 或/etc/profile 文件，加入以下内容：

```
export FLUME_HOME=/opt/modules/flume
export PATH=$FLUME_HOME/bin:$PATH
```

使更改立即生效：

```
source /etc/profile
```

步骤 4：配置 Flume。

在开始使用 Flume 之前，需要对其进行配置。Flume 的配置文件通常位于${FLUME_HOME}/conf/目录下。可以复制默认配置文件作为起点：

```
cd $FLUME_HOME/conf
cp flume-conf.properties.template flume-conf.properties
```

根据需求编辑 flume-conf.properties 文件。例如，若想设置一个简单的 Agent 来收集数据并将其存储到 HDFS 中，则需要指定 Agent 的 Source、Channel 和 Sink 等参数。

步骤 5：启动 Flume Agent。

完成以上配置后，就可以启动 Flume Agent 了。例如，若在 flume-conf.properties 中定义了一个名为 a1 的 Agent，则可以通过以下命令启动：

```
flume-ng agent --conf $FLUME_HOME/conf --conf-file $FLUME_HOME/conf/flume-conf.properties
--name a1 -Dflume.root.logger=INFO,console
```

至此完成了 Flume 的安装与基本配置。

9.2.2　Flume 应用

下面通过 3 个具体的实验，来了解 Flume 的应用。

1. Flume NC/Telnet 监控

本实验主要实现监控 NetCat 或 Telnet 登录本地主机 44444 端口的数据流，主要实验步骤如下。

步骤 1：新建 flume-netcat-file.conf。

用于实现 Flume 对 NetCat 登录主机的 44444 端口的监控：

```
# Describe/configure the source
# 表示 a1 的输入源类型为 NetCat 端口类型
a1.sources.r1.type = netcat
# 表示 a1 监听的主机
```

```
a1.sources.r1.bind = 0.0.0.0
# 表示 a1 监听的端口号
a1.sources.r1.port = 44444


# Describe the sink
# 表示 a1 的输出目的地是控制台 logger 类型
a1.sinks.k1.type = logger


# Use a channel which buffers events in memory
# 表示 a1 的 channel 类型是 memory 内存型
a1.channels.c1.type = memory
# 表示 a1 的 channel 总容量是 1000 个 event
a1.channels.c1.capacity = 1000
# 表示 a1 的 channel 传输时收集到了 100 条 event 以后再去提交事务
a1.channels.c1.transactionCapacity = 100


# Bind the source and sink to the channel
# 表示将 r1 和 c1 连接起来
a1.sources.r1.channels = c1
# 表示将 k1 和 c1 连接起来
a1.sinks.k1.channel = c1
```

步骤 2：上传并开启 Flume Agent。

将 flume-netcat-file.conf 文件上传至 $FLUME_HOME/conf/ 目录下，然后通过如下命令开启 Flume Agent：

```
$ flume-ng agent --conf ./conf --conf-file ./conf/flume-netcat-file.conf --name a1 -Dflume.root.logger=INFO, console
```

步骤 3：输入命令。新开一个当前主机的命令终端，输入以下命令：

```
$ netcat localhost 44444
```

步骤 4：监控验证。在当前 TelNet 窗口发送数据，如图 9-3 所示。

图 9-3 NetCat Localhost 44444

同时，控制台可实时显示 Flume 监控窗口，如图 9-4 所示。

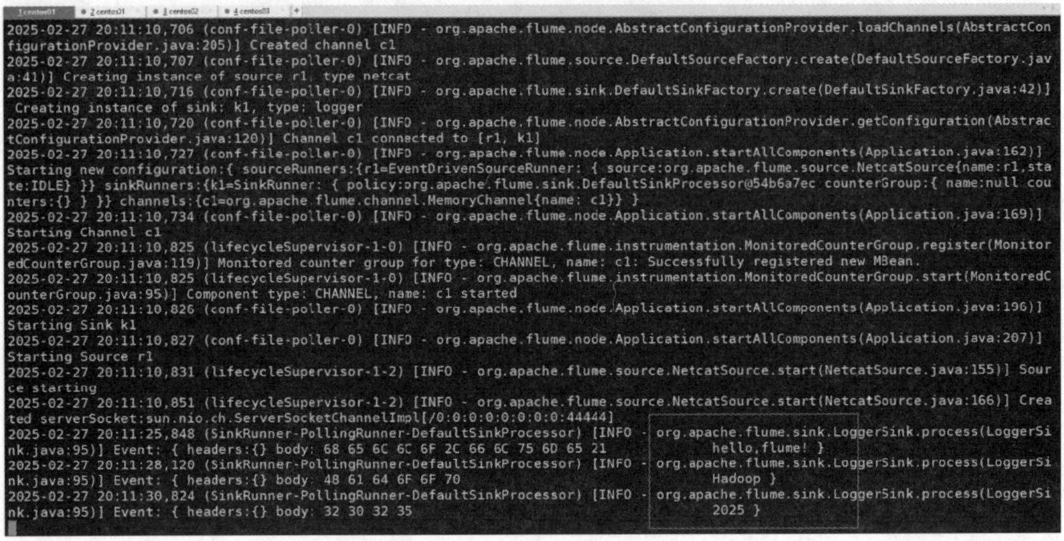

图 9-4 Flume Console 实时监控

2. Flume 监控目录文件

本实验实现 Flume 对本地 /usr/test/spooldir 目录的监控。当发现目录中有新文件增加时，就将新增的文件上传至 HDFS 的 /flume 目录下。

核心配置文件 flume-spooldir-hdfs.conf 的内容如下：

```
# 定义 Agent 的组件名称
a1.sources = r1
a jadx.channels = c1
a1.sinks = k1


# 配置 Source 为 spooldir 类型，指定要监控的目录路径
a1.sources.r1.type = spooldir
a1.sources.r1.spoolDir = /usr/test/spooldir
a1.sources.r1.fileHeader = false


# 设置 Sink 为 hdfs 类型，指定 HDFS 上的目标目录
a1.sinks.k1.type = hdfs
a1.sinks.k1.hdfs.path = hdfs://namenode_host:8020/flume
a1.sinks.k1.hdfs.filePrefix = file_
a1.sinks.k1.hdfs.fileType = DataStream
a1.sinks.k1.hdfs.writeFormat = Text


# 根据需要调整 hdfs sink 的其他属性，如批次大小、滚动间隔等
a1.sinks.k1.hdfs.batchSize = 1000
a1.sinks.k1.hdfs.rollInterval = 30
```

```
a1.sinks.k1.hdfs.rollSize = 10485760 # 10MB

a1.sinks.k1.hdfs.rollCount = 0


# 使用 file channel 来暂存数据

a1.channels.c1.type = file

a1.channels.c1.checkpointDir = /var/lib/flume/checkpoint

a1.channels.c1.dataDirs = /var/lib/flume/data


# 将 Source、Sink 与 Channel 连接起来

a1.sources.r1.channels = c1

a1.sinks.k1.channel = c1
```

3．Flume 监控 Hive 日志文件

本实验实现 Flume 对 Hive 日志变化的监控，当发现主机启动 Hive 进行数据库操作时，将 Hive 日志文件上传至 HDFS 相关目录下。实验的主要步骤如下：

步骤 1：上传 Hadoop 相关 JAR 包。

将以下 JAR 包复制至 Flume 的 lib 目录下：

```
commons-configuration-1.6.jar

Hadoop-auth-2.7.2.jar

Hadoop-common-2.7.2.jar

Hadoop-hdfs-2.7.2.jar

commons-io-2.4.jar

htrace-core-3.1.0-incubating.jar
```

步骤 2：创建 Flume 配置文件。

在 Flume 安装目录下创建 conf 文件夹，并在其中创建名为 flume-hive-hdfs.conf 的配置文件，内容如下：

```
# 命名 Agent 组件

a1.sources = r1

a1.sinks = k1

a1.channels = c1

# 配置 Source

a1.sources.r1.type = exec

a1.sources.r1.command = tail -F /opt/apache-hive-2.3.3-bin/logs/hive.log

a1.sources.r1.shell = /bin/bash -c

# 配置 Sink

a1.sinks.k1.type = hdfs

a1.sinks.k1.hdfs.path = hdfs://namenode:9000/flume/hive-logs/%Y%m%d/%H

a1.sinks.k1.hdfs.filePrefix = hive-log-

a1.sinks.k1.hdfs.round = true
```

```
a1.sinks.k1.hdfs.roundValue = 1
a1.sinks.k1.hdfs.roundUnit = hour
a1.sinks.k1.hdfs.useLocalTimeStamp = true
a1.sinks.k1.hdfs.batchSize = 1000
a1.sinks.k1.hdfs.fileType = DataStream
a1.sinks.k1.hdfs.rollInterval = 60
a1.sinks.k1.hdfs.rollSize = 134217700
a1.sinks.k1.hdfs.rollCount = 0
# 配置 Channel
a1.channels.c1.type = memory
a1.channels.c1.capacity = 1000
a1.channels.c1.transactionCapacity = 100
# 绑定 Source、Sink 和 Channel
a1.sources.r1.channels = c1
a1.sinks.k1.channel = c1
```

步骤 3：启动 Flume Agent 并验证监控效果。

在 Flume 安装目录下执行以下命令启动 Agent：

```
bin/flume-ng agent -n a1 -c conf -f conf/flume-hive-hdfs.conf -Dflume.root.logger=INFO,console
```

然后在 Hive 中执行操作，如创建表、查询数据等，生成日志；接着检查 HDFS 上的目标目录，确认是否生成了对应的日志文件，同时查看 Flume Agent 的控制台输出，确认日志采集过程是否正常；最后通过 HDFS 的 WEB UI 查看文件是否已正确上传。

任务 9.3　思政教育——数据采集伦理与技术担当的融合实践

任务描述

本任务结合 Flume 技术特性，探讨数据采集中的伦理规范与社会责任。通过分析网络日志匿名化处理案例，理解《中华人民共和国网络安全法》(简称网络安全法)对用户隐私保护的要求；结合 Flume 在智慧城市交通监测中的应用，培养"技术服务于社会公共利益"的职业价值观，并强调开源社区协作对技术创新的推动作用。

2023 年杭州亚运会期间，杭州市交通数据中心采用 Flume 搭建实时交通流采集系统，通过 2000 多个路侧设备采集车辆通行数据。工程师发现原始日志(包含车辆 MAC 地址等敏感信息)存在网络安全法第二十四条规定的隐私泄露风险。随后团队开发了 Flume 自定义拦截器，在数据进入 Kafka 前完成动态脱敏：MAC 地址经 SHA-256 哈希处理，GPS 坐标模糊至百米精度，实现数据可用性与隐私保护的平衡。

技术方案落地后，团队将匿名化插件开源至 Apache 社区，联合全球开发者共同优化流量异常检测算法。该方案使早晚高峰预测准确率提升了 35%，有效支撑了亚运专线动态调度系统运行。正如项目总工王博士所言："Flume 的每条数据流都承载着对公众隐私的敬畏——就像西湖边的红绿灯，既要保障通行效率，更要守住安全底线。"

该案例生动诠释：当 Flume 从网络端口(Source)采集数据时，工程师不仅是技术执行者，更是数据伦理的守护者。通过开源协作，实现了技术创新与社会责任的协同发展。

课 后 习 题

一、选择题

1. Flume 的主要组件中，(　　)组件负责接收数据。

A. Channel　　　　　　B. Sink　　　　　　C. Source　　　　　　D. Interceptor

2. 在 Flume 配置中，(　　)组件用于临时存储从 Source 接收到的数据，并将这些数据传递给 Sink。

A. Buffer　　　　　　B. Channel　　　　　　C. Agent　　　　　　D. Collector

3. 以下(　　)类型的 Sink 可以用来将 Flume 收集到的数据发送到另一个 Flume Agent。

A. Avro Sink　　　　B. HDFS Sink　　　　C. Logger Sink　　　　D. Null Sink

4. 如果想要在 Flume 传输过程中对数据进行过滤或修改，应该使用以下(　　)组件。

A. Filter　　　　　　B. Processor　　　　　C. Interceptor　　　　　D. Modifier

5. Flume 中的 Agent 指的是(　　)。

A. 数据源

B. 数据目的地

C. 运行 Flume 服务的独立进程，包含 Source、Channel 和 Sink

D. 一种特殊类型的 Sink

二、填空题

1. 在 Flume 中，＿＿＿＿＿＿＿是负责收集数据并将其发送到一个或多个目的地的独立进程。

2. Flume 中的＿＿＿＿＿＿＿组件主要用来临时存储从 Source 接收到的数据，并将这些数据传递给 Sink。

3. ＿＿＿＿＿＿＿类型的 Sink 可以用于将数据写入 Hadoop 分布式文件系统(HDFS)。

4. 若要在 Flume 传输过程中对数据进行过滤或修改，可以使用＿＿＿＿＿＿＿组件。

5. Flume 支持多种类型的数据源，其中一种是＿＿＿＿＿＿＿＿＿＿，它可以从网络端口接收数据流。

三、简答题

1. 请解释 Flume 中的 Source、Channel 和 Sink 分别扮演什么角色，并描述它们是如何协同工作的？

2. 在 Flume 配置中，如何确保数据的可靠传输？请列举并简要说明至少两种方法。

四、实践操作题

假设要配置一个 Flume Agent 来收集服务器上的应用程序日志，并将这些日志数据存储到 HDFS 中。请根据以下要求编写相应的 Flume 配置文件：

(1) Agent 的名字为 logAgent。

(2) 使用 exec 类型的 Source 读取位于/var/log/myapp/目录下的 application.log 文件，使用命令 tail-F /var/log/myapp/application.log 实时监控新添加到文件中的内容。

(3) 使用 file 类型的 Channel 确保数据在传输过程中的可靠性。

(4) 使用 hdfs 类型的 Sink 将收集到的数据写入 HDFS 集群，具体路径为 hdfs://namenode:8020/flume/events。设置 Sink 每 5 分钟滚动一次文件，并且前缀为 myapp-。

请提供完整的 Flume 配置文件。

项目 10　Sqoop 技术应用

项目导读

Sqoop 作为 Hadoop 生态系统中高效的数据迁移工具,承担着关系型数据库(如 MySQL)与分布式存储系统(HDFS、Hive、HBase)之间数据桥梁的角色。本项目从 Sqoop 技术原理剖析入手,逐步讲解其安装配置和数据导入/导出实战,并结合 MySQL 与 Hive 的交互案例,介绍跨平台数据整合技术。

学习目标

❖ 理论认知:掌握 Sqoop 的架构设计(Client-Server 模式)与核心机制(如元数据映射、并行切分策略),理解其与 MapReduce 的协作流程。

❖ 实践技能:完成 Sqoop 安装及 MySQL 连接配置,熟练运用 CLI 工具实现 HDFS/Hive 与 MySQL 间的双向数据迁移(含增量导入与条件筛选等高级操作)。

❖ 协作目标:通过 Sqoop 与 MySQL 的联动部署及应用,培养团队分工协作与问题排查意识。

思政教育

在 Sqoop 技术应用过程中,需重点强调数据使用的合法性与安全性。例如,在金融领域应用 Sqoop 迁移用户交易数据时,应严格遵守我国个人信息保护法,避免敏感信息泄露;通过政务数据跨平台共享案例分析,引导树立数据主权意识。同时,结合 Sqoop 开源社区协作机制,倡导"技术无国界,应用有底线"的职业价值观,鼓励投身国产化数据工具研发,增强自主创新能力。

任务 10.1　探索 Sqoop 技术原理

任务描述

本任务重点剖析 Sqoop 的数据迁移核心原理。通过解析 Sqoop 如何将关系型数据库(如 MySQL)与 Hadoop 生态组件(HDFS、Hive)间数据传输转换为 MapReduce 任务,理解其元数据映射机制(如数据类型转换与表结构解析)及其并行化处理逻辑,掌握 Sqoop 版本选型策略;同时探讨 Sqoop 连接器(如 JDBC)的扩展性设计,为后续实践奠定理论基础。

10.1.1 理解 Sqoop 基本概念

Sqoop(SQL-to-Hadoop)是一种在 Hadoop 与关系型数据库之间传输数据的工具。它能够高效地将数据从关系型数据库导入 Hadoop，或者将 Hadoop 中的数据导出到关系型数据库。它是一种开源的分布式并行计算框架，专为大规模数据处理而设计。Sqoop 最初由加州大学伯克利分校的 AMPLab 开发，并在 2010 年开源后迅速发展成为 Apache 软件基金会下的顶级项目之一。Sqoop 的主要特点是提供内存计算技术，使其在处理大数据时的速度显著快于传统基于磁盘的系统(如 Hadoop MapReduce)，特别适合迭代式算法和交互式数据挖掘。

10.1.2 Sqoop 体系架构分析

Sqoop 的体系架构如图 10-1 所示。

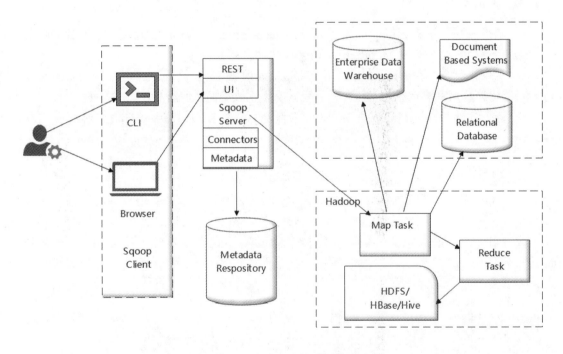

图 10-1　Sqoop 体系架构

如图 10-1 所示，Sqoop 体系架构主要包含以下关键组件：

(1) SqoopClient。SqoopClient 是 Sqoop 的客户端，负责为用户提供命令行接口和 API。用户可以通过这些接口与 Sqoop 进行交互，并且能够指定数据传输所需的相关参数和配置。例如，在使用命令行进行数据导入时，用户可以指定数据源(如关系型数据库)和目标位置(如 Hadoop 集群中的目录)等信息。

(2) Connectors。Connectors 是 Sqoop 的插件，可支持不同类型的关系型数据库。Sqoop

提供了多个预定义的 Connector(如 MySQLConnector、OracleConnector 等)。每个 Connector 都包含对应数据库特定的驱动程序以及相关的配置信息，以确保 Sqoop 能够与不同的关系型数据库进行有效的连接和数据交互。

(3) SqoopServer。SqoopServer 是 Sqoop 的服务器，负责协调和管理 Sqoop 的任务。SqoopServer 既可以独立部署在集群中的一个节点上，也可以与 Hadoop 集群的其他组件(如 HDFS、YARN)共享相同的节点，从而实现对 Sqoop 任务的高效调度和管理。

(4) ReduceTask。ReduceTask 是指 Sqoop 借助 MapReduce 来执行数据传输的任务。当用户提交一个 Sqoop 任务时，Sqoop 会生成一个 MapReduce 作业，并将其提交到 YARN 上运行。这个 MapReduce 作业会读取数据库中的数据，进行分片、映射和数据转换，最终将数据写入 Hadoop 中的目标位置。Reduce Task 通过 MapReduce Job 来实现数据传输，MapReduce Job 是 Hadoop 分布式计算框架中的基本单元，用于处理大规模数据集的并行计算任务。它通过将复杂问题分解为"Map"和"Reduce"两个阶段，实现分布式节点上的并行处理，适用于增量数据的批处理场景。

MapReduce Job 传输数据的具体过程可以概括为以下 6 步：

① 任务提交：用户使用 SqoopClient 提交一个 Sqoop 任务，明确指定数据源(如关系型数据库)和目标位置(如 Hadoop 集群中的目录)。

② 作业生成与提交：Sqoop 根据用户指定的参数和配置，生成一个 MapReduce 作业，并将其提交到 YARN 上。

③ 数据读取与处理：MapReduce 作业启动后，会从关系型数据库中读取数据，并进行分片和映射。每个 Mapper 任务都会读取一部分数据，并将其转换为 Hadoop 的数据格式。

④ 数据写入：Mapper 任务将转换后的数据写入 Hadoop 集群中的目标位置，可以是 HDFS 中的文件或 HBase 中的表。

⑤ 数据校验：当所有的 Mapper 任务完成后，Sqoop 会进行数据的校验和验证，确保数据的完整性和准确性。

⑥ 结果返回：Sqoop 将任务的执行结果返回至客户端，用户可以根据需要进行进一步的分析和处理。

总的来说，Sqoop 体系结构通过这些组件的协同工作，实现了关系型数据库与 Hadoop 之间数据的高效传输，并且提供了丰富的配置选项和插件扩展机制，以满足不同类型数据库和数据传输的需求。

10.1.3　Sqoop 版本选择

Sqoop 有两个主要版本，即 Sqoop1 和 Sqoop2，二者完全不兼容。Sqoop 系列常见的版本号是 Sqoop 1.4.x，Sqoop2 常见的版本号是 Sqoop1.99x。Sqoop1 和 Sqoop2 的主要特征如下。

1. Sqoop1

Sqoop1 是较早的版本，其底层基于 MapReduce，通过 MapReduce 任务来传输数据，从而继承 MapReduce 的并发能力与容错特性。它能将 RDBMS(如 Oracle、MySQL、DB2 等)中的数据导入 HDFS，也可将 HDFS 中的数据导出至 RDBMS，实现传统数据库与 Hadoop

及其相关系统(如 Hive 和 HBase)间的数据迁移。

2. Sqoop2

与 Sqoop1 相比，Sqoop2 具有以下特点：

(1) 集中化管理：引入了 SqoopServer，便于集中化管理 Connector 或其他第三方插件。

(2) 多种访问方式：支持 CLI、WebUI 和 REST API 等多种访问方式。

(3) 安全机制：引入了基于角色的安全机制，管理员可在 SqoopServer 上配置不同的角色。

在实际应用中，通常会选择稳定且能满足业务需求的版本。常用的版本是 Sqoop 1.4.x 系列，如 Sqoop 1.4.6、1.4.7 等版本，它们具有较好的兼容性和稳定性，能在 Hadoop 2.x 系列环境下使用，并且在很多大数据处理场景中得到了广泛应用，本项目采用 Sqoop 1.4.7 版本。

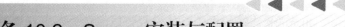

任务 10.2　Sqoop 安装与配置

> 本任务聚焦于 Sqoop 的安装与配置，涵盖 Linux 环境下的解压部署、环境变量(如 SQOOP_HOME 和 HADOOP_CLASSPATH)设置，以及 JDBC 驱动(如 MySQL Connector)的集成验证。通过伪分布式与完全分布式集群的配置对比，掌握不同场景下的参数调优方法(如并发任务数控制)，确保系统与 Hadoop 生态的兼容性。

10.2.1　Sqoop 安装

Sqoop 的主要安装步骤如下。

步骤 1：下载软件。

在官网(https://archive.apache.org/dist/sqoop/)下载相应的安装软件包。本项目选用 sqoop-1.4.7.bin__Hadoop-2.6.0.tar.gz。

步骤 2：解压。

```
tar -zxvf sqoop-1.4.7.bin__Hadoop-2.6.0.tar.gz -C /opt/module/
```

对解压后的文件夹进行改名，命令如下：

```
cd /opt/module
mv sqoop-1.4.7.bin__Hadoop-2.6.0/ sqoop-1.4.7
```

步骤 3：添加环境变量。

```
vi /etc/profile
```

然后在/etc/profile 文件末尾添加如下内容：

```
#SQOOP_HOME
export SQOOP_HOME=/opt/module/sqoop-1.4.7
export PATH=$PATH:$SQOOP_HOME/bin
```

步骤 4：配置 Sqoop 环境变量文件。

cd $SQOOP_HOME/conf	#切换到 Sqoop 配置文件目录
cp sqoop-env-template.sh sqoop-env.sh	#复制 Sqoop 环境变量模板文件
vi sqoop-env.sh	#编辑文件，指定相关路径

本实验中 sqoop-env.sh 添加的内容如图 10-2 所示。

```
# included in all the hadoop scripts with source command
# should not be executable directly
# also should not be passed any arguments, since we need original $*

# Set Hadoop-specific environment variables here.

#Set path to where bin/hadoop is available
export HADOOP_COMMON_HOME=$HADOOP_HOME

#Set path to where hadoop-*-core.jar is available
export HADOOP_MAPRED_HOME=$HADOOP_HOME

#set the path to where bin/hbase is available
export HBASE_HOME=$HBASE_HOME

#Set the path to where bin/hive is available
export HIVE_HOME=$HIVE_HOME
```

图 10-2　sqoop-env.sh 添加的内容

步骤 5：拷贝 MySQL 驱动。

| cp /opt/softwares/mysql-connector-java-5.1.37-bin.jar　$SQOOP_HOME/lib |

步骤 6：拷贝 Hive 和 HBase 文件。

| cp hive-2.3.3/lib/hive-common-2.3.3.jar　$SQOOP_HOME/lib |
| cp hbase-2.5.7/hbase-common-2.57.jar　$SQOOP_HOME/lib |

步骤 7：关闭警告信息。

| # 切换到 Sqoop 目录 |
| cd $SQOOP_HOME/bin |
| # 编辑文件 |
| vi configure-sqoop |

由于使用 Sqoop 时一些警告信息比较冗繁，因此可以手动关闭这些警告信息，只需在相应的代码行首添加"#"即可，如图 10-3 所示。

```
## Moved to be a runtime check in sqoop.
#if [ ! -d "${HBASE_HOME}" ]; then
#  echo "Warning: $HBASE_HOME does not exist! HBase imports will fail."
#  echo 'Please set $HBASE_HOME to the root of your HBase installation.'
#fi

## Moved to be a runtime check in sqoop.
#if [ ! -d "${HCAT_HOME}" ]; then
#  echo "Warning: $HCAT_HOME does not exist! HCatalog jobs will fail."
#  echo 'Please set $HCAT_HOME to the root of your HCatalog installation.'
#fi

#if [ ! -d "${ACCUMULO_HOME}" ]; then
#  echo "Warning: $ACCUMULO_HOME does not exist! Accumulo imports will fail."
#  echo 'Please set $ACCUMULO_HOME to the root of your Accumulo installation.'
#fi
#if [ ! -d "${ZOOKEEPER_HOME}" ]; then
#  echo "Warning: $ZOOKEEPER_HOME does not exist! Accumulo imports will fail."
#  echo 'Please set $ZOOKEEPER_HOME to the root of your Zookeeper installation.'
#fi
```

图 10-3　关闭无用的警告信息

步骤 8：查看版本信息。

查看 Sqoop 版本命令及结果，如图 10-4 所示，表示 Sqoop 安装成功。

```
[root@hadoop01 /]# sqoop version
25/02/28 20:39:10 INFO sqoop.Sqoop: Running Sqoop version: 1.4.7
Sqoop 1.4.7
git commit id 2328971411f57f0cb683dfb79d19d4d19d185dd8
Compiled by maugli on Thu Dec 21 15:59:58 STD 2017
[root@hadoop01 /]#
```

图 10-4 查看 Sqoop 版本命令及结果

10.2.2 Sqoop 连接 MySQL

在使用 Sqoop 连接 MySQL 之前，需要先完成 MySQL 在 CentOS 7 虚拟机上的安装。

1. 安装 MySQL 5.6

在 CentOS 7 上安装 MySQL 5.6 的主要步骤如下：

步骤 1：下载安装包 MySQL-5.6.51-1.el7.x86_64.rpm-bundle.tar。

步骤 2：卸载 CentOS 7 中自带的 mariadb。

```
rpm -qa | grep mariadb | xargs rpm -e --nodeps
```

步骤 3：解压文件到/mysql56 目录。

```
tar -xvf ./MySQL-5.6.51-1.el7.x86_64.rpm-bundle.tar -C ./mysql56/
```

解压之后，/mysql56 目录下的内容如图 10-5 所示。

```
[root@hadoop01 mysql56]# ll
total 248388
-rw-r--r--. 1 7155 31415 21606520 Jan  5 2021 MySQL-client-5.6.51-1.el7.x86_64.rpm
-rw-r--r--. 1 7155 31415  3536604 Jan  5 2021 MySQL-devel-5.6.51-1.el7.x86_64.rpm
-rw-r--r--. 1 7155 31415 93754464 Jan  5 2021 MySQL-embedded-5.6.51-1.el7.x86_64.rpm
-rw-r--r--. 1 7155 31415 70091008 Jan  5 2021 MySQL-server-5.6.51-1.el7.x86_64.rpm
-rw-r--r--. 1 7155 31415  2338300 Jan  5 2021 MySQL-shared-5.6.51-1.el7.x86_64.rpm
-rw-r--r--. 1 7155 31415  2299660 Jan  5 2021 MySQL-shared-compat-5.6.51-1.el7.x86_64.rpm
-rw-r--r--. 1 7155 31415 60704356 Jan  5 2021 MySQL-test-5.6.51-1.el7.x86_64.rpm
```

图 10-5 解压后目录内容

步骤 4：安装依赖。

```
yum install -y perl-Data-Dumper
```

步骤 5：创建 mysql 组。

```
groupadd mysql
```

步骤 6：创建用户 mysql。

```
useradd -g mysql mysql
```

步骤 7：安装 MySQL-server 服务。

```
rpm -ivh ./mysql56/MySQL-server-5.6.51-1.el7.x86_64.rpm
```

步骤 8：安装 MySQL-client 服务。

```
rpm -ivh ./mysql56/MySQL-client-5.6.51-1.el7.x86_64.rpm
```

步骤 9：移动/usr/my.cnf 文件到/etc/目录下。

```
mv /usr/my.cnf /etc/
```

步骤 10：配置 my.cnf 文件。

```
vim /etc/my.cnf
```

在 my.cnf 文件中添加如下内容：

```
# 客户端配置
[client]
port = 3306
default-character-set = utf8mb4
# 服务端配置
[mysqld]
user = mysql
port = 3306
character-set-server = utf8mb4
back_log = 100
max_connections = 1000
max_connect_errors = 100
open_files_limit = 10000
thread_cache_size = 8
sql_mode = ONLY_FULL_GROUP_BY,STRICT_TRANS_TABLES,NO_ZERO_DATE, ERROR_
FOR_DIVISION_BY_ZERO,NO_AUTO_CREATE_USER,NO_ENGINE_SUBSTITUTION
# 禁止客户端域名解析
skip-name-resolve
# 禁止 slave 复制进程随 mysql 启动而自动启动
skip-slave-start
[mysqldump]
quick
[mysql]
auto-rehash
default-character-set = utf8mb4
```

步骤 11：启动 MySQL 服务。

```
systemctl start mysql
```

步骤 12：初始密码查询。

```
cat /root/.mysql_secret
```

查询结果如图 10-6 所示。

```
[root@hadoop01 etc]# vi ./my.cnf
[root@hadoop01 etc]# cat /root/.mysql_secret
# The random password set for the root user at Fri Feb 28 19:04:44 2025 (local time): HED7JhAZPpZMBz1N
```

图 10-6　查询 MySQL 初始密码

使用 MySQL 客户端首次登录控制台，并修改 root 用户初始密码：首先登录 MySQL 控制台，使用如下命令：

```
mysql -u root -p   # 使用初始密码登录
```

输入初始密码后，再修改 root 用户初始密码：

```
mysql> SET PASSWORD = PASSWORD('123456');
```

完成密码修改后，在正式连通测试前，还需要根据 MySQL 版本选择合适的命令来更新或设置用户'root@' 127.0.01'的密码和权限，以确保 MySQL 的 root 用户可以登录任何主机。对于 MySQL，可以使用如下命令：

```
-- 如果存在'root'@'127.0.0.1'，但密码不对或访问被拒绝
SET PASSWORD FOR 'root'@'127.0.0.1' = PASSWORD('123456');
-- 如果不存在，则创建新的'root'@'127.0.0.1'
CREATE USER 'root'@'127.0.0.1' IDENTIFIED BY '123456';
GRANT ALL PRIVILEGES ON *.* TO 'root'@'127.0.0.1' WITH GRANT OPTION;
```

执行上述命令后，刷新权限：

```
FLUSH PRIVILEGES;
```

2. Sqoop1.4.7 连接 MySQL 5.6 测试

首先查看当前 MySQL 5.6 已经有了哪些数据库，如图 10-7 所示。

```
[root@hadoop01 /]# mysql -u root -p
Enter password:
Welcome to the MySQL monitor.  Commands end with ; or \g.
Your MySQL connection id is 9
Server version: 5.6.51 MySQL Community Server (GPL)

Copyright (c) 2000, 2021, Oracle and/or its affiliates. All rights reserved.

Oracle is a registered trademark of Oracle Corporation and/or its
affiliates. Other names may be trademarks of their respective
owners.

Type 'help;' or '\h' for help. Type '\c' to clear the current input statement.

mysql> show databases;
+--------------------+
| Database           |
+--------------------+
| information_schema |
| mysql              |
| performance_schema |
| test               |
| zspt_db            |
+--------------------+
5 rows in set (0.00 sec)
```

图 10-7　查看 MySQL 已有的数据库

然后退出 MySQL 5.6，进入 Hadoop 主机的命令终端，运行如下命令，连接 MySQL 5.6，查看现有数据库：

```
sqoop list-databases --connect jdbc:mysql://localhost:3306/ --username root --password 123456
```

运行结果如图 10-8 所示。

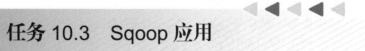

```
[root@hadoop01 /]# sqoop list-databases --connect jdbc:mysql://localhost:3306/ --username root --password 123456
25/02/28 22:02:55 INFO sqoop.Sqoop: Running Sqoop version: 1.4.7
25/02/28 22:02:55 WARN tool.BaseSqoopTool: Setting your password on the command-line is insecure. Consider using
25/02/28 22:02:55 INFO manager.MySQLManager: Preparing to use a MySQL streaming resultset.
information_schema
mysql
performance_schema
test
zspt_db
[root@hadoop01 /]#
```

图 10-8　查看 MySQL 现有数据库

任务 10.3　Sqoop 应用

任务描述

　　本任务聚焦于 Sqoop 的实战应用。通过命令行工具实现全量导入(import)、增量导入(--incremental)及导出(export)操作，实现 HDFS 与 MySQL 间的数据同步。结合 Hive 表结构映射与数据格式定制，提升对异构数据源的高效处理能力，增强数据一致性校验意识。

10.3.1　Sqoop 导入/导出

　　利用 Sqoop 实现导入/导出，一般使用 import 和 export 命令。

　　(1) Sqoop import：从关系型数据库导入数据到 Hadoop 生态系统(如 HDFS、Hive 等)，支持全量导入和增量导入，可指定导入列、条件、分隔符等参数。

　　(2) Sqoop export：将 Hadoop 生态系统中的数据导出到关系型数据库，支持指定导出列、分隔符等，适用于数据回流到传统数据库场景。

　　Apache Sqoop 实现数据导入(如从关系型数据库管理系统导入 Hadoop 生态系统)和导出(如从 Hadoop 生态系统导出到关系型数据库)的语法格式如表 10-1 所示。

表 10-1　Apache sqoop import-export 语法格式

类型	命 令 格 式	参 数 说 明
导入	sqoop import --connect \<JDBC-URL\> --username \<username\> --password \<password\> --table \<tablename\> --target-dir \<hdfs-path\>	-JDBC-URL: 数据库连接字符串。\<br\>-username: 数据库用户名。\<br\>- password: 数据库密码。\<br\>- tablename: 要导入的数据库表名。\<br\>- target-dir: HDFS 目标路径
	--hive-import	将数据直接导入 Hive 表中
	--hive-table \<hive-tablename\>	Hive 中的目标表名
导出	sqoop export --connect \<JDBC-URL\> --username \<username\> --password \<password\> --table \<tablename\> --export-dir \<hdfs-path\>	-JDBC-URL: 数据库连接字符串。\<br\>-username: 数据库用户名。\<br\>- password: 数据库密码。\<br\>- tablename: 目标数据库表名。\<br\>- export-dir: HDFS 上源数据目录

10.3.2 MySQL 导入数据至 HDFS

下面通过具体实验实现从 MySQL 导入数据至 HDFS。其具体实验步骤如下：

步骤 1：在 MySQL 中创建数据库和表。

```
CREATE DATABASE mydatabase;
USE mydatabase;
CREATE TABLE mytable (
    id INT PRIMARY KEY,
    name VARCHAR(50),
age INT,
major VARCHAR(100) );
```

步骤 2：向表中插入数据。

```
INSERT INTO mytable (id, name, age, major) VALUES    (1, '张三', 22, '计算机'), (2, '李四', 25, '游戏
开发'), (3, '王五', 24, '大数据'), (4,'周七',26,'人工智能');
```

步骤 3：使用 Sqoop 命令将数据从 MySQL 导出到 HDFS。

```
sqoop import \
--connect jdbc:mysql://192.168.1.101:3306/mydatabase \
--username root --password 123456 \
--table mytable \
--target-dir /user/hadoop/sqoop_from_mysql_to_hdfs \
--m 1
```

命令解析：

(1) --target-dir /user/Hadoop/sqoop_mysql_to_hdfs：指定将数据导入的目标目录路径。此例数据将被导入 HDFS 的 /user/hadoop/sqoop_from_ mysql_to_hdfs 目录下。注意，在使用 Sqoop 导入数据时，若目标目录不存在，则 Sqoop 会自动创建该目录，不需要用户提前在 HDFS 中创建。

(2) --m 1：指定并行任务的数量。此例 m 设置为 1，表示只有一个 MapReduce 任务来处理导入操作。若数据量较大，则可以增加此值以提高导入速度，但要注意集群资源的限制。

Sqoop import 命令运行过程如图 10-9 所示。

```
[root@hadoop01 /]# sqoop import \
> --connect jdbc:mysql://192.168.1.101:3306/mydatabase \
> --username root --password 123456 \
> --table mytable \
> --target-dir /user/hadoop/sqoop_from_mysql_to_hdfs \
> --m 1
```

图 10-9 Sqoop import 命令运行过程

最后，验证 MySQL 数据是否上传到 HDFS。利用 IE 浏览器查看，如图 10-10 所示。

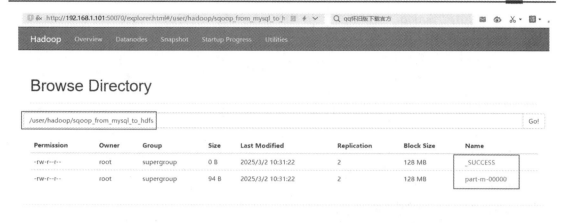

图 10-10　MySQL 数据上传到 HDFS

也可以用 Hadoop 命令打印出 HDFS 中导出的内容：

```
hdfs dfs -cat /user/hadoop/sqoop_from_mysql_to_hdfs/part-m-00000
```

执行结果如图 10-11 所示。

```
[root@hadoop01 /]# hdfs dfs -cat /user/hadoop/sqoop_from_mysql_to_hdfs/part-m-00000
1,张三,22,计算机
2,李四,25,游戏开发
3,王五,24,大数据
4,周七,26,人工智能
[root@hadoop01 /]#
```

图 10-11　查看导入 HDFS 文件的内容

10.3.3　HDFS 导出数据至 MySQL

下面通过具体实验来实现从 HDFS 导出数据至 MySQL，本次实验作为 10.3.2 小节中实验的逆向流程，将 MySQL 中数据库 mydatabase 下的 mytable 表中的全部数据删除，然后通过 HDFS 导入数据。具体步骤如下：

步骤 1：确保 HDFS 中已有数据文件。在上个实验中，HDFS 文件依然保留。

步骤 2：删除 MySQL 中创建目标表 mytable 中的全部数据，但保留表结构，即表 mytable 变成一张空表：

```
TRUNCATE TABLE mytable;
```

运行后，检查表 mytable 中是否还有数据。运行结果如图 10-12 所示。

```
mysql> use mydatabase;
Reading table information for completion of table and column names
You can turn off this feature to get a quicker startup with -A

Database changed
mysql> truncate table mytable;
Query OK, 0 rows affected (0.02 sec)

mysql> select * from mytable;
Empty set (0.00 sec)
```

图 10-12　检查表 mytable 中的内容

步骤 3：使用"Sqoop"命令将数据从 HDFS 导出至 MySQL：

```
sqoop export \
--connect jdbc:mysql://192.168.1.101/mydatabase \
--username root \
--password 123456 \
--table mytable \
--export-dir /user/Hadoop/sqoop_from_mysql_to_hdfs/ \
--input-fields-terminated-by ',' \
--lines-terminated-by '\n' \
--update-mode allowinsert \
--update-key id
```

对命令进行解析：

(1) --table mytable：指定要导出数据的目标表名。

(2) --export-dir /user/Hadoop/sqoop_from_mysql_to_hdfs：指定要导出数据所在 HDFS 目录路径。

(3) --update-mode allowinsert：指定导出允许插入新记录。若记录不存在，则插入新记录；若记录存在，则更新现有记录。

(4) --update-key id：指定用于更新操作的主键字段。

最后在 Hadoop 集群的 NameNode 主机上，通过命令在终端登录 MySQL，查询 mydatabase 数据库中表 mytable 中的内容，如图 10-13 所示。

图 10-13　从 HDFS 导出至 MySQL 成功

10.3.4　MySQL 导入数据至 Hive

下面通过具体实验来实现从 MySQL 导入数据至 Hive。其具体实验步骤如下：

步骤 1：在 Hive 中创建一个与 MySQL 中表 mytable 结构相同的表，具体运行命令如下：

```
-- 创建数据库(如果还没有)
CREATE DATABASE IF NOT EXISTS myhive;
-- 切换到新创建的数据库 USE myhive; --创建表，结构与 MySQL 中的 mytable 表相同
CREATE TABLE mytable (
    id INT,
```

```
        name STRING,
        age INT,
        job STRING )
ROW FORMAT DELIMITED
FIELDS TERMINATED BY ','
STORED AS TEXTFILE;
-- 退出 Hive CLI
EXIT;
```

运行结果如图 10-14 所示。

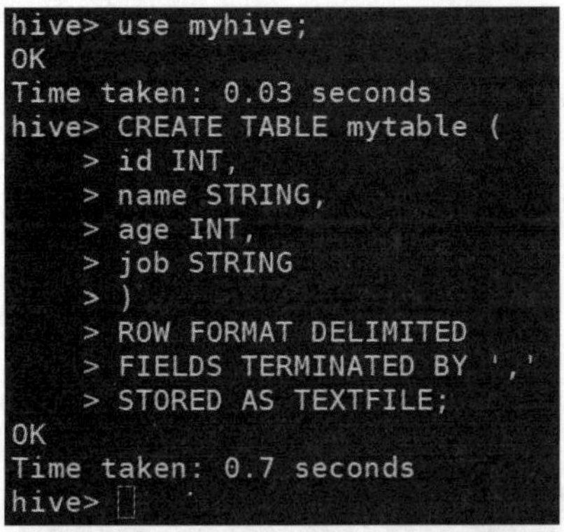

```
hive> use myhive;
OK
Time taken: 0.03 seconds
hive> CREATE TABLE mytable (
    > id INT,
    > name STRING,
    > age INT,
    > job STRING
    > )
    > ROW FORMAT DELIMITED
    > FIELDS TERMINATED BY ','
    > STORED AS TEXTFILE;
OK
Time taken: 0.7 seconds
hive> 
```

图 10-14   Hive 创建表 mytable

步骤 2：使用 Sqoop 将 MySQL 中的数据导入刚创建的 Hive 表中。具体运行命令如下：

```
# 运行 Sqoop 导入命令
sqoop import \
--connect jdbc:mysql://192.168.1.101/mydatabase \          # 指定目标数据库的 JDBC 连接字符串
--username root --password 123456 \                          # 指定连接数据库的用户名及密码
--table mytable \                                            # 指定要导入数据的源表
--target-dir /user/Hadoop/sqoop_to_hive/mytable \            # 指定 HDFS 上的目标目录
  --fields-terminated-by ',' \                               # 指定字段分隔符
--lines-terminated-by '\n' \                                 # 指定行分隔符
--m 1 \                                                      # 指定 Map 任务的数量为 1
--hive-import \                                              # 指定将数据导入
Hive --hive-database myhive \                                # 指定 Hive 数据库
--hive-table mytable \                                       # 指定 Hive 表
--hive-overwrite
```

步骤 3：查询写入 Hive 的数据。运行如下命令：

```
-- 查询表数据
SELECT * FROM mytable;
```

查询结果如图 10-15 所示。

```
hive> show databases;
OK
default
myhive
newdb
Time taken: 4.5 seconds, Fetched: 3 row(s)
hive> use myhive;
OK
Time taken: 0.031 seconds
hive> SELECT * FROM mytable;
OK
1        张三      22        计算机
2        李四      25        游戏开发
3        王五      24        大数据
4        周七      26        人工智能
Time taken: 1.812 seconds, Fetched: 4 row(s)
```

图 10-15　MySQL 数据表导入 Hive 成功

10.3.5　Hive 导出数据至 MySQL

本实验的目的是将 Hive 中的表 myhive.mytable 导出至 MySQL 数据库 mydatabase 中的表 mytable。实验步骤如下：

步骤 1：再次将数据库 MySQL 中表 mytable 的数据清空。

步骤 2：使用"Sqoop"命令将数据从 HDFS 导出至 MySQL。运行命令如图 10-16 所示。

```
[root@hadoop01 /]# sqoop export \
> --connect jdbc:mysql://192.168.1.101:3306/mydatabase \
> --username root \
> --P \         注：用参数P，是为了安全起见，不把密码直接与在代码中，而是手动输动
> --table mytable \
> --export-dir /opt/modules/hadoop-2.7.2/warehouse/myhive.db/mytable \
> --input-fields-terminated-by ',' \
> --lines-terminated-by '\n' \
> --update-mode allowinsert \
> --update-key id
```

图 10-16　将数据从 HDFS 导出至 MySQL

> 📖 **小提示**：通常情况下，Hive 表的数据已经存储在 HDFS 上，因此不需要手动将 Hive 数据上传至 HDFS。

Hive 默认将表数据存储在其默认的仓库目录中，运行相关命令查看，运行结果如图 10-17 所示。

```
hive> describe formatted mytable;
OK
# col_name            data_type            comment

id                    int
name                  string
age                   int
job                   string

# Detailed Table Information
Database:             myhive
Owner:                root
CreateTime:           Sun Mar 02 11:44:41 CST 2025
LastAccessTime:       UNKNOWN
Retention:            0
Location:             hdfs://192.168.1.101:9000/opt/modules/hadoop-2.7.2/warehouse/myhive.db/mytable
Table Type:           MANAGED_TABLE
```

图 10-17　查看 Hive 默认存储的 HDFS 路径

程序运行成功后，回到 MySQL 数据库进行检验，如图 10-18 所示。

```
[root@hadoop01 /]# mysql -u root -p
Enter password:
Welcome to the MySQL monitor.  Commands end with ; or \g.
Your MySQL connection id is 9
Server version: 5.6.51 MySQL Community Server (GPL)

Copyright (c) 2000, 2021, Oracle and/or its affiliates. All rights reserved.

Oracle is a registered trademark of Oracle Corporation and/or its
affiliates. Other names may be trademarks of their respective
owners.

Type 'help;' or '\h' for help. Type '\c' to clear the current input statement.

mysql> use mydatabase;
Reading table information for completion of table and column names
You can turn off this feature to get a quicker startup with -A

Database changed
mysql> select * from mytable;
+----+------+------+----------+
| id | name | age  | job      |
+----+------+------+----------+
|  1 | 张三 |   22 | 计算机   |
|  2 | 李四 |   25 | 游戏开发 |
|  3 | 王五 |   24 | 大数据   |
|  4 | 周七 |   26 | 人工智能 |
+----+------+------+----------+
4 rows in set (0.00 sec)
```

图 10-18 Hive 写入 MySQL 成功

任务 10.4 思政教育——技术向善与开源协作的中国实践

任务描述

本次思政教育将技术实践与数据伦理相结合，以某三甲医院 Sqoop 数据迁移中动态、加密、数据隐私保护所遭遇的挑战为案例，引导树立"以人民健康为本"的职业操守，理解开源社区协作价值(如 Sqoop 增量算法优化)，践行技术向善理念，在数据安全与创新中服务"数字中国"战略。

在某三甲医院的数字化转型中，当技术团队运用 Sqoop 将千万级患者数据从 MySQL 迁移至 Hive 时，遭遇到隐私保护的挑战。团队人员严格遵循网络安全法，对身份证号、诊断记录等敏感字段实施动态列加密，并通过 HDFS 权限分层控制访问范围，确保数据"可用不可见"。该实践不仅为 AI 辅助诊断构建了安全数据底座，更展现了科技工作者"以人民健康为本"的职业担当。

与此同时，我国相关技术开发者深度参与 Sqoop 开源社区贡献。例如，2023 年某高校团队向 Apache 社区提交了增量数据校验算法的优化方案，有效解决了金融行业高频交易数据迁移的完整性隐患。这种"代码共享、责任共担"的协作模式，促进了国产数据库与 Hadoop 生态深度融合，助力银行实现风险预警系统的国产化升级。

技术向善的价值观正指引着新一代工程师在数据流动中筑牢安全防线，在开源浪潮中践行创新使命，使技术切实服务于国家"数字中国"战略与人类命运共同体构建。

课后习题

一、选择题

1. Sqoop 主要用于(　　)。

A. 数据库管理

B. 在 Hadoop 和关系数据库之间传输数据

C. 处理实时流数据

D. 数据可视化

2. 以下(　　)Sqoop 命令用于将数据从 MySQL 导入 HDFS。

A. sqoop export --connect jdbc:mysql://localhost/db_name --table table_name --hdfs-path /user/hdfs/

B. sqoop import --connect jdbc:mysql://localhost/db_name --table table_name --target-dir /user/hdfs/

C. sqoop transfer --source mysql --destination hdfs --data db_name.table_name

D. sqoop load --from MySQL --to HDFS --load-path /user/hdfs/

3. 在 Sqoop 中，若要指定分割输入数据的工作并执行，并执行相应的任务数量，则应该使用(　　)参数。

A. --jobs   B. --mappers

C. --num-partitions   D. --split-by

4. (　　)不是 Sqoop 支持的数据加密方式。

A. Kerberos 认证

B. SSL 连接

C. 直接在 Sqoop 命令中明文提供密码

D. 使用.pass 文件存储密码

5. 要从 HDFS 导出数据到关系型数据库，应该使用以下(　　)Sqoop 命令。

A. Sqoop import   B. Sqoop export

C. Sqoop copy   D. Sqoop move

二、填空题

1. 使用_____命令可以从关系数据库导入数据到 HDFS。

2. 在 Sqoop 中，若要指定使用的 Map 任务数量以并行处理数据传输，可使用参数_____。

3. 为了确保数据传输的安全性，Sqoop 支持使用_____进行认证，这是一种网络验证协议，特别适用于客户端与服务器之间的安全认证。

4. Sqoop 提供了一种直接从 HDFS 向关系型数据库中导出数据的方式，其中应使用

____命令。

5. 当使用 Sqoop 导入数据时,若要根据某列对数据进行切分以便并行处理,则应该使用参数_____指定该列。

三、简答题

1. 在使用 Sqoop 进行数据导入时,如何指定数据分割列以实现并行化数据传输?同时,请简述其工作原理。

2. 请简述 Sqoop 在导入数据过程中如何保障数据的一致性和完整性?

四、实践操作题

假设有一个 MySQL 数据库,其中包含一个名为 employees 的表,如表 10-2 所示。

表 10-2　表 employees

列　名	数据类型
Id	INT
first_name	VARCHAR(50)
last_name	VARCHAR(50)
email	VARCHAR(100)
hire_date	DATE

请编写 Sqoop 命令将表 employees 的数据导入 HDFS 的指定目录(/user/Hadoop/sqoop_import/employees)中,并确保使用 4 个并发任务来加速数据传输过程。同时,请设置分割列以优化数据导入效率。

参 考 文 献

[1]　张伟洋. 大数据技术开发实战[M]. 北京：清华大学出版社，2019.

[2]　潘正高，施霖. Hadoop 核心技术与实战[M]. 北京：清华大学出版社，2023.

[3]　杨俊，蒋寅，杨绿科. Hadoop 大数据技术基础与应用[M]. 北京：机械工业出版社，2022.

[4]　黑马程序员.Hadoop 大数据技术原理与应用[M]. 2 版. 北京：清华大学出版社，2023.

[5]　千锋教育高教产品研发部. Hadoop 大数据开发实战[M]. 北京：人民邮电出版社，2020.